essentials

essentials liefern aktuelles Wissen in konzentrierter Form. Die Essenz dessen, worauf es als „State-of-the-Art" in der gegenwärtigen Fachdiskussion oder in der Praxis ankommt. *essentials* informieren schnell, unkompliziert und verständlich

- als Einführung in ein aktuelles Thema aus Ihrem Fachgebiet
- als Einstieg in ein für Sie noch unbekanntes Themenfeld
- als Einblick, um zum Thema mitreden zu können

Die Bücher in elektronischer und gedruckter Form bringen das Expertenwissen von Springer-Fachautoren kompakt zur Darstellung. Sie sind besonders für die Nutzung als eBook auf Tablet-PCs, eBook-Readern und Smartphones geeignet. *essentials:* Wissensbausteine aus den Wirtschafts-, Sozial- und Geisteswissenschaften, aus Technik und Naturwissenschaften sowie aus Medizin, Psychologie und Gesundheitsberufen. Von renommierten Autoren aller Springer-Verlagsmarken.

Weitere Bände in der Reihe http://www.springer.com/series/13088

Meike List · Claus Lämmerzahl

Das Äquivalenzprinzip

Grundlagen, Tests und neueste Messungen

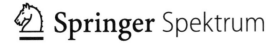 Springer Spektrum

Meike List
Institut für Satellitengeodäsie und
Inertialsensorik, Abteilung für
Relativistische Modellierung
Deutsches Zentrum für Luft- und
Raumfahrt (DLR)
Bremen, Deutschland

Claus Lämmerzahl
Zentrum für angewandte
Raumfahrttechnologie und
Mikrogravitation (ZARM)
Universität Bremen
Bremen, Deutschland

ISSN 2197-6708   ISSN 2197-6716   (electronic)
essentials
ISBN 978-3-658-32532-9   ISBN 978-3-658-32533-6   (eBook)
https://doi.org/10.1007/978-3-658-32533-6

Die Deutsche Nationalbibliothek verzeichnet diese Publikation in der Deutschen Nationalbiblio-
grafie; detaillierte bibliografische Daten sind im Internet über http://dnb.d-nb.de abrufbar.

Planung/Lektorat: Margit Maly
Springer Spektrum ist ein Imprint der eingetragenen Gesellschaft Springer Fachmedien
Wiesbaden GmbH und ist ein Teil von Springer Nature.
Die Anschrift der Gesellschaft ist: Abraham-Lincoln-Str. 46, 65189 Wiesbaden, Germany

Was Sie in diesem *essential* finden können

- anschauliche theoretische und operationale Definition dessen, was unter dem Äquivalenzprinzip zu verstehen ist
- Bedeutung des Äquivalenzprinzips
- Überblick über verschiedene experimentelle Methoden zum Test des Äquivalenzprinzips
- ausführliche Darstellung des momentan besten Test des Äquivalenzprinzips

Inhaltsverzeichnis

Einführende Bemerkungen 1

1.1 Grundlagenphysik

Das größte Wunder der Natur und der diese beschreibenden Naturwissenschaften besteht darin, dass es überhaupt möglich ist, Gesetze in Form von mathematischen Formeln aufzustellen, die eben diese Natur eindeutig beschreiben, und zwar überall und zu jeder Zeit. Damit können wir Naturphänomene verstehen, d. h. verstehen, worauf diese zurückzuführen sind, bzw. können umgekehrt vorhersagen, wie sich die Natur bei bestimmten Rand- und Anfangsbedingungen verhalten wird. Auf diesem Verständnis der Natur basiert unsere ganze Technologie und somit unsere Zivilisation und auch unsere Kultur. Darauf basiert auch unser Verständnis der Klimaerwärmung, wobei es hierbei auch auf eine gute Datenlage ankommt.

Dabei teilt sich die Physik inhaltlich in verschiedene Wechselwirkungen bzw. Kräfte auf und in methodisch verschiedene Theorienrahmen. Die bis heute bekannten vier Wechselwirkungen sind die gravitative, die elektromagnetische, die schwache und die starke Wechselwirkung, wobei die letzten drei zum Stardardmodell der Elementarteilchen zusammengefasst werden. Die die Physik beschreibenden allumfassenden, auf alles anzuwendenden Theorienrahmen sind die Quantentheorie, die Allgemeine Relativitätstheorie und die statistische Physik.

Unsere Kenntnis von den Gesetzen der Natur hängt natürlich davon ab, wie genau wir die Naturphänomene ausmessen können. So konnte man erst mit der Entwicklung von sehr präzisen Messinstrumenten Effekte der Speziellen und Allgemeinen Relativitätstheorie nachweisen und erforschen. Die Tests bzw. Bestätigungen des Äquivalenzprinzips, um das es hier im Folgenden gehen wird, sind ein sehr schönes Beispiel dafür. Die ersten Versuche waren bestenfalls einige Prozent genau, während wir heute von Genauigkeiten von einem billionstel Prozent reden.

© Springer Fachmedien Wiesbaden GmbH, ein Teil von Springer Nature 2021
M. List and C. Lämmerzahl, *Das Äquivalenzprinzip*, essentials,
https://doi.org/10.1007/978-3-658-32533-6_1

Die bekannte Struktur der Wechselwirkungen und die übergeordneten Theorien sind bisher extrem erfolgreich bei der Beschreibung aller physikalischer Phänomene. Es gibt bisher kein einziges Experiment und keine einzige Beobachtung, die nicht durch diese Theorien beschrieben und erklärt werden können. Selbst für die extremste Vorhersage der Einsteinschen Feldgleichungen, die Schwarzen Löcher, gibt es heutzutage eine überwältigende Evidenz für deren Existenz – was auch kürzlich durch einen Nobelpreis gewürdigt wurde. Auch die Quantenmechanik scheint in Bezug auf ihren Gültigkeitsbereich und in der Erzeugung der seltsamsten Quantenzustände, die jeglicher Anschauung widersprechen, aber theoretisch einwandfrei beschrieben werden, keine Grenzen zu kennen.

Trotzdem ist schon seit längerer Zeit erkannt worden, dass die Allgemeine Relativitätstheorie und die Quantentheorie, die wie gesagt auf alle Formen von Materie und Energie anzuwenden sind, nicht miteinander verträglich sind (für eine ausführlichere Darstellung, siehe z. B. (Kiefer 2012). Dies liegt daran, dass Quantenmechanik und Allgemeine Relativitätstheorie konzeptionell sehr unterschiedlich sind: Die Allgemeine Relativitätstheorie ist eine lokale Theorie, bei der z. B. punktförmige Singularitäten auftreten können, was in der Quantenmechanik strikt verboten ist. Die Zeit in der Allgemeinen Relativitätstheorie ist dynamisch, d. h. hängt von dem durch die Materie erzeugten Gravitationsfeld ab, während sie in der Quantenmechanik ein vom Quantenzustand unabhängiger äußerer Parameter ist. Schließlich besitzen Quantenzustände eine – im Rahmen der Allgemeinen Relativitätstheorie gravitierende – Nullpunktsenergie, die für alle Teilchen im Universum zusammengerechnet um 120 Größenordnung größer ist als entsprechende Beobachtungen. Alle Versuche eine neue sogenannte Quantengravitationstheorie zu finden, die die Gravitation mit der Quantenmechanik aussöhnt wie z. B. Stringtheorie, Schleifengravitation, kanonische Gravitation, nichtkommutative Geometrie, und andere, haben bisher leider noch nicht zu allseits befriedigenden Ergebnissen geführt.

Da ja alle beobachteten Phänomene mit den bisherigen Theorien vollständig verstanden werden können, ist diese Unverträglichkeit von Allgemeiner Relativitätstheorie mit der Quantenmechanik zunächst ein alleiniges Problem der theoretischen Beschreibung. Wenn wir allerdings diese Unverträglichkeit auflösen wollen, können Allgemeine Relativitätstheorie und/oder die Quantenmechanik nicht so stehen bleiben wie sie sind, sondern müssen modifiziert werden. Eine Modifikation dieser Theorien bedeutet aber insbesondere, dass neue Phänomene auftreten werden, die mit der bisherigen Allgemeinen Relativitätstheorie und/oder mit der bisherigen Quantenmechanik nicht beschrieben werden können, d. h. diesen Theorien widersprechen. Gerade nach solchen Phänomenen aus dem Grenzbereich der Gravitationsphysik und der Quantenmechanik wird experimentell gesucht. Stoßrichtungen sind hierbei, dass man die Quantensysteme immer größer macht (in ihrer Masse oder ihrer räumlichen Ausdehnung), um eine eventuelle Grenze der Quantenphysik zu finden, oder dass man das Gravitationsfeld von einzelnen Quantenzuständen versucht auszumessen.

Eine weitere experimentelle Strategie ist die Folgende: Die Allgemeine Relativitätstheorie ist auf gewissen Grundlagen aufgebaut. Diese sind das Äquivalenzprinzip (was oft auch anschaulicher als Universalität des Freien Falles bezeichnet wird), die Gültigkeit der Speziellen Relativitätstheorie und die Gültigkeit der gravitativen Rotverschiebung (dies bedeutet, dass z. B. Uhren im Tal etwas langsamer ticken als identische Uhren auf einem Berg). Wenn nun die Allgemeine Relativitätstheorie nicht mehr die richtige Theorie ist, dann kann mindestens eine dieser Grundlagen auch nicht mehr gelten, d. h. muss verletzt sein. Genau aus diesem Grund sucht man heutzutage auch sehr intensiv und mit immer höherer Genauigkeit nach möglichen Verletzungen des Äquivalenzprinzips, der Speziellen Relativitätstheorie und der gravitativen Rotverschiebung. Tests des Äquivalenzprinzips, der Speziellen Relativitätstheorie und der gravitativen Rotverschiebung stellen also immer auch eine Suche nach möglichen Effekten einer Quantengravitation dar. Da wir aber selbst mit den größten experimentellen Anstrengungen bisher keinerlei Verletzungen gesehen haben, können diese auch nur extrem klein sein. Für unser Verständnis der Natur und speziell für unser Verständnis von Raum und Zeit hätten aber solche Verletzungen revolutionäre Konsequenzen, die mit unserem heutigen Wissen nicht abzuschätzen sind.

1.2 Die praktische Bedeutung der Grundlagenphysik

Es ist natürlich sehr berechtigt zu fragen, warum wir all diese Anstrengungen unternehmen, um uns immer wieder neue Grundlagentests wie die zum Äquivalenzprinzip auszudenken und durchzuführen. Der erste wesentliche und vornehmste Grund ist einfach der Wunsch von uns allen, die Natur immer besser verstehen zu wollen. Und da spielt eben das Äquivalenzprinzip für die Allgemeine Relativitätstheorie und generell für unser Verständnis von Raum und Zeit eine wesentliche und ausgezeichnete Rolle.

Die Gültigkeit der von uns getesteten Gesetzmäßigkeiten hat aber darüber hinaus wichtige praktische Anwendungen, die speziell für unser tägliches Leben von Bedeutung sind. In diesem Zusammenhang ist die Geodäsie und Metrologie zu nennen. Die Aufgabe der Geodäsie ist es, das Gravitationsfeld der Erde genauestens zu vermessen, um z. B. unterirdische Massentransporte von Wasser nachweisen zu können oder die Menge an Regen in Gebieten wie im Amazonas-Gebiet oder in Norddeutschland auszumessen. In der Tat konnte mittels der Geodäsie-Mission GRACE z. B. nachgewiesen werden, dass in Nordindien der Grundwasserspiegel sinkt oder dass Skandinavien sich leicht anhebt während Norddeutschland leicht absinkt. Wir könnten noch viele weitere Beispiele von Klimarelevanz nennen. Eine Methode das Gravitationsfeld der Erde auszumessen besteht darin, mittels Laserinterferenz die Erdbeschleunigung aus der Bewegung von frei fallenden Testmassen zu bestimmen. Wäre das Äquivalenzprinzip verletzt, müsste man solche Messungen immer auf eine bestimmte Sorte von Testmassen umrechnen, was das ganze Verfahren unendlich kompliziert und ungenauer machen würde.

Die Metrologie beschäftigt sich mit der Definition grundlegender physikalischer Einheiten wie die Sekunde, das Meter, das Kilogramm, das Ampére, das Kelvin, und andere. Bisher sind die Definitionen dieser Einheiten aufgrund der geltenden physikalischen Gesetze eindeutig. Dabei spielen das Äquivalenzprinzip, die Spezielle Relativitätstheorie und die gravitative Rotverschiebung eine entscheidende Rolle. Wenn diese verletzt wären, würde sich die Definition der Einheiten extrem komplizierter gestalten: Die Sekunde wäre dann nur mittels einer bestimmten Atomsorte gegeben, das Kilogramm nur mit einem bestimmten Element, und der Vergleich von Uhren im Gravitationsfeld und in Bewegung würde ebenfalls vom Typ der Uhr abhängen, was z. B. die Definition einer Internationalen Atomzeit TAI deutlich erschweren würde.

Generell gilt ohnehin, dass man bei allen Verbesserungen von Messverfahren oder Messgeräten jeweils nachweisen muss, dass die bekannten physikalischen Gesetzmäßigkeiten auch bei der höheren Messgenauigkeit immer noch gelten. Dabei spielen die hier besprochenen Gesetze eine besondere Rolle, weil sie, aufgrund der Universalität der gravitativen Wechselwirkung und ihre Bedeutung für Raum und Zeit, alle anderen Messverfahren beeinflussen.

Und schließlich wurde u. a. vom Wissenschaftsphilosophen Martin Carrier herausgearbeitet, dass auch bei industriellen Anwendungen das Grundlagenverständnis der der Produktion zugrundeliegenden Physik eine größere Nachhaltigkeit verspricht, als ausprobierte ad-hoc-Lösungen (Carrier 2006).

1.3   Danksagung

Wir möchten uns ganz herzlich bei folgenden Kollegen und Freunden für ihre Unterstützung bedanken: Eberhard Bachem (DLR), Hansjörg Dittus (DLR), Manuel Rodrigues (ONERA) und Pierre Touboul (ONERA). Unsere Forschungen wurden vom Deutschen Zentrum für Luft- und Raumfahrt (DLR) und von der Deutschen Forschungsgemeinschaft (DFG) finanziell unterstützt. Wir danken dem MICROSCOPE-Team des ZARM, Stefanie Bremer, Benny Rievers und Hanns Selig, sowie unseren Kolleginnen und Kollegen im Exzellenzcluster „Quantum Frontiers", im Sonderforschungsbereich „Relativistische und quantenbasierte Geodäsie (TerraQ)", und im Graduiertenkolleg „Models of Gravity" und allen unseren Kolleginnen und Kollegen im ZARM für die generelle Unterstützung und für viele fruchtbare Diskussionen.

Kleine Historie und wichtige Begriffe 2

Das Äquivalenzprinzip beschreibt, dass – bei Abschaltung aller Störkräfte wie die Luftreibung – alle Teilchen im Gravitationsfeld gleich schnell fallen, unabhängig davon aus welchem Material oder wie schwer sie sind oder welche Eigenschaften sie sonst noch besitzen. In diesem Abschnitt werden wir die Bedeutung dieser Aussage darlegen und die zum Verständnis notwendigen grundlegende Begriffe anschaulich anhand einfacher Experimente einführen.

2.1 Alle Teilchen fallen gleich schnell

Wir alle kennen die Geschichte, dass der Universalgelehrte Galileo Gailei verschiedene Körper vom schiefen Turm zu Pisa herunterfallen ließ und damit auf die Idee kam, dass alle Körper gleich schnell fallen. Auch wenn diese Geschichte perfekt zum Thema passt, so gibt es keine Dokumente, die dieses belegen könnten. Wahrscheinlich ist Galileo dies im Nachhinein angedichtet worden (Galilei 1954; Bramanti et al. 1993). Er hat aber dafür andere Experimente durchgeführt, die aber nicht ganz so spektakulär sind: Er hat Zylinder aus verschiedenen Materialien eine schiefe Ebene herunter rollen lassen. Damit kann ebenfalls untersucht werden, ob verschiedene Körper gleich schnell fallen oder nicht. Außerdem wird berichtet, dass Galileo auch schon Pendelversuche zum Test des Äquivalenzprinzips durchgeführt haben soll (siehe unten).

Unabhängig davon, welche Experimente Galileo durchgeführt hat, kann man sicher sagen, dass die Genauigkeit dieser Experimente sehr zu Wünschen übrig ließ. Was bei Galileo zählt und wichtig ist, ist die Vision, die er entwickelte und die sich heute als mit höchster Präzision als vollkommen korrekt erwiesen hat. Nach Galileo wurden viele weitere Experimente durchgeführt, nämlich mit Pendel und Torsionspendel. Das fing an mit Newton, der mittels Pendelversuchen das Äquiva-

© Springer Fachmedien Wiesbaden GmbH, ein Teil von Springer Nature 2021
M. List and C. Lämmerzahl, *Das Äquivalenzprinzip,* essentials,
https://doi.org/10.1007/978-3-658-32533-6_2

lenzprinzip testete. Diese wurden weitergeführt von Bessel, Potter und anderen. Im Jahre 1889 verwendete der ungarische Physiker und Geodät Loránd Eötvös zum ersten Mal eine Torsionswaage, mit der er auf einen Schlag um drei Größenordnungen genauer wurde. Dieses Verfahren ist heute immer noch bei Laborversuchen im Einsatz, dabei wurden aber die Grenzen des physikalisch machbaren erreicht. Ganz aktuell wurde soeben ein Experiment im Weltraum durchgeführt, bei dem neue Messmethoden die Genauigkeit deutlich gesteigert haben. Darum wird es in diesen *Essentials* hauptsächlich gehen.

2.2   Die Masse

Eine der wichtigsten Eigenschaften von Materie ist deren Masse. Allerdings ist zunächst nicht klar, was genau unter Masse zu verstehen ist, da es verschiedene Formen von Massen gibt wie z. B. die schwere und träge Masse. Diese Massen werden wir zunächst diskutieren, damit wir überhaupt eine Grundlage dafür haben, vom Äquivalenzprinzip zu sprechen. Wir führen also die träge, die schwere und die gravitierende Masse ein und zeigen, wodurch diese sich auszeichnen. Diese drei Arten von Massen werden vollkommen unterschiedlich eingeführt und haben zunächst überhaupt nichts miteinander zu tun. Es ist ein bisher unverstandenes Wunder, dass sich experimentell alle drei Massen als gleich erweisen.

2.2.1   Die träge Masse

Wenn wir Kugeln herstellen, die denselben Radius besitzen, aber aus unterschiedlichen Materialien bestehen, dann werden wir zunächst folgendes feststellen können: Die Kugel aus Blei werden wir nicht so weit werfen können, wie eine Kugel aus Aluminium. Das bedeutet: wenn wir dieselbe Kraft auf eine Kugel anwenden, dann reagiert die Bleikugel sehr viel schwächer, viel träger, als die Aluminiumkugel.

Operational und genau nachmessbar kann man sich das wie folgt realisiert denken (siehe Abb. 2.1): Wir nehmen eine weitere Kugel aus einem beliebigem Material und beliebigem Radius, hängen diese an einem Pendel auf und lenken sie bis auf eine bestimmte Höhe aus. Wenn wir diese loslassen, dann wird diese am tiefsten Punkt eine bestimmte Geschwindigkeit haben, die wir im Rahmen der klassischen Mechanik leicht berechnen könnten, was hier aber nicht notwendig ist.

Wir platzieren nun am tiefsten Punkt einmal die Bleikugel und dann die Aluminiumkugel. Dann wird die immer aus derselben Höhe heranschwingende Kugel den Blei- und Aluminiumkugeln einen jeweils gleichen Stoß versetzen. Die Geschwin-

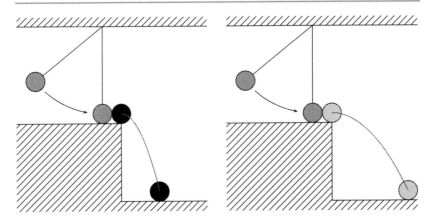

Abb. 2.1 Zur Bestimmung der trägen Masse eines Körpers. Die Reaktion eines Körpers auf einen immer gleichen Stoß (hier erzeugt durch eine Kugel, die an einem Pendel hängend immer auf derselben Höhe h losgelassen wird) ist ein Maß für die Trägheit des Körpers. Statt dem Pendel könnte man auch eine Masse nehmen, die durch eine immer gleich gespannte Feder auf immer dieselbe Geschwindigkeit gebracht wird

digkeiten, die die Blei- und Aluminiumkugel nach dem Stoß übertragen bekommen haben, stellen sich aber als unterschiedlich heraus: Die Bleikugel hat nach dem Stoß eine kleinere Geschwindigkeit, die Aluminiumkugel eine größere. Das sieht man z. B. daran, wie weit die Kugeln nach dem Stoß bei einer festen Höhe fliegen. Die Bleikugel widersetzt sich der Bewegungsänderung, der Beschleunigung, stärker, als die Aluminiumkugel.

Diesen Widerstand dagegen, beschleunigt zu werden, nennt man *Trägheit* oder *träge Masse* $m_{\text{träge}}$. Die Bleikugel besitzt also eine größere träge Masse als die gleich große Aluminiumkugel. Wenn wir nun die Messung genau durchführen, finden wir heraus, dass die Geschwindigkeit der Bleikugel um über einen Faktor vier kleiner ist, als die der Aluminiumkugel. Das bedeutet, dass die träge Masse einer Bleikugel um etwas mehr als vier mal größer ist, als die der gleich großen Aluminiumkugel.

Diese träge Masse ist nun Teil des 3. Newtonschen Axioms „Kraft = Masse × Beschleunigung", in Formeln

$$F = m_{\text{träge}} a, \tag{2.1}$$

wobei die Beschleunigung a die zweite Zeitableitung der Bahn $x(t)$ der Masse ist: $a = \ddot{x}(t)$. Dabei ist F die an den Körper angreifende Kraft. Bei gleicher angreifender Kraft wird also ein Körper mit größerer träger Masse $m_{\text{träge}}$ weniger beschleunigt, als einer mit einer kleineren trägen Masse.

2.2.2   Die schwere Masse

Jetzt können wir noch eine weitere Messung mit unseren beiden Kugeln durchführen. Wir legen beide Kugeln nacheinander auf dieselbe Waage, z. B. eine gewöhnliche Küchenwaage. Dann stellen wir fest, dass der Ausschlag der Anzeige der Waage bei der Bleikugel größer ist, als bei der Aluminiumkugel, siehe Abb. 2.2. Die Bleikugel ist schwerer, als die Aluminiumkugel. Diese Eigenschaft der beiden Kugeln nennen wir *Schwere* oder *schwere Masse* m_{schwer}. Die schwere Masse ist die Ursache dessen, dass Körper ein Gewicht haben.

Messen wir wirklich das Gewicht, dann stellen wir fest, dass die Bleikugel etwa um einen Faktor vier schwerer ist, als die Aluminiumkugel. Die Bleikugel besitzt also eine etwa viermal größere schwere Masse als die Aluminiumkugel. Daraus kann man schon mal folgende Vermutung anstellen: da Blei schwerer ist als Aluminium, wirkt auf Blei die Gravitation stärker. Andererseits hat Blei auch eine größere Trägheit, die sich gegen das Beschleunigen, also auch das gravitative Beschleunigen, sträubt. Daher sollten sich diese beiden gegensätzlichen Effekte zumindest teilweise aufheben.

In ihrer operationalen Definition und damit in ihrer experimentellen Bestimmung hat die schwere Masse nichts, aber auch gar nichts, mit der trägen Masse zu tun. Dies erkennt man z. B. auch daran, dass die Definition der trägen Masse auf einem Stoß beruht, während die schwere Masse ein Gravitationsfeld, z. B. das der Erde, benötigt. Es sind zwei vollkommen unabhängige Eigenschaften von Körpern. Das ist im Folgenden ganz wichtig. Nur wenn dies ganz klar ist, erschließt sich die volle Bedeutung des Äquivalenzprinzips.

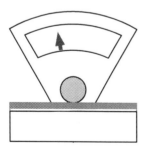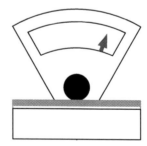

Abb. 2.2 Zwei Kugeln gleichen Radius aus Aluminium (links) und Blei (rechts) sind verschieden schwer

2.2.3 Die gravitierende Masse

Auch wenn dies im Folgenden keine Rolle spielen wird, wollen wir doch noch eine dritte Art von Masse einführen. Dies ist die Eigenschaft von Körpern ein Gravitationsfeld zu erzeugen. Ob diese drei verschiedenen Massen gleich sind oder nicht, ist alleine eine Frage an das Experiment. Es gibt keine Theorie, die die Gleichheit dieser Massen vorhersagt. Die Allgemeinen Relativitätstheorie setzt deren Gleichheit voraus. Alle Vorhersagen der Allgemeinen Relativitätstheorie gelten also nur unter dieser Voraussetzung.

Diese dritte Art der Masse kann experimentell z. B. mit einer Torsionswaage eingeführt und definiert werden, wie sie oft in Schulen steht (zu den Torsionswaagen gibt es später mehr) oder wie hier mit einer Feder. Damit kann man nachweisen, dass ein Körper mit einer bestimmten Masse M einen anderen Körper anzieht (wie die Erde es ja auch mit uns, Steinen und Äpfeln macht). Wenn man den gravitierenden Körper doppelt so groß macht, wirkt eine doppelt so große Kraft. Verdoppelt man den Abstand, dann ist die Kraft nur noch ein viertel so groß, siehe Abb. 2.3. Wir können also mit solch einer Torsionswaage das Newtonsche Kraftgesetz für die Gravitation $F \sim \frac{mM}{r^2}$ begründen, wobei r der Abstand zwischen den beiden Massen ist. Damit die rechte Seite eine Kraft wird, muss man noch eine Konstante, die Newtonsche Gravitationskonstante G mit der Dimension Meter^3 Kilogramm^{-1} Sekunde^{-2}, entführen und erhält

$$F = \frac{G m_{\text{schwer}} M}{r^2} \hat{r}, \tag{2.2}$$

wobei $\hat{r}$ die Richtung zwischen den beiden Massen bezeichnet. Der genaue Wert von G hängt mit der Definition des Kilogramms zusammen. Hierbei ist m_{schwer} die schwere Masse des kleinen Körpers, der von dem großen der Masse M angezogen wird.

Diese Kraft kann auch geschrieben werden als

$$F = -m_{\text{schwer}} g \quad \text{mit} \quad g = \frac{GM}{r^2} \hat{r}, \tag{2.3}$$

wobei g nicht mehr von der schweren Masse abhängt. Das g beschreibt die durch die große Masse erzeugte Gravitationsfeld. Dabei ist die Größe M die Masse, die das Gravitationsfeld erzeugt. Diese hat auch erst mal nichts mit der trägen oder schweren Masse zu tun. Zusammen mit dem Newtonschen Axiom haben wir also

$$m_{\text{träge}} a = m_{\text{schwer}} g \quad \text{mit} \quad g = \frac{GM}{r^2} \hat{r}. \tag{2.4}$$

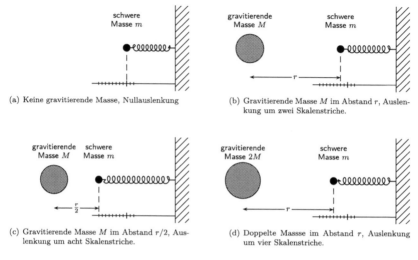

(a) Keine gravitierende Masse, Nullauslenkung

(b) Gravitierende Masse M im Abstand r, Auslenkung um zwei Skalenstriche.

(c) Gravitierende Masse M im Abstand $r/2$, Auslenkung um acht Skalenstriche.

(d) Doppelte Massse im Abstand r, Auslenkung um vier Skalenstriche.

Abb. 2.3 Ausmessen der Kraft, die von einem Gravitationsfeld ausgeht, das von einem Körper der gravitierenden Masse M erzeugt wird

Damit besitzen Körper drei verschiedene Massen: (i) die träge Masse, die sich gegen das beschleunigt werden sträubt, (ii) die schwere Masse, die auf ein vorhandenes Gravitationsfeld reagiert und (iii) die gravitierende Masse, die das Gravitationsfeld erzeugt, siehe Abb. 2.4. (Im Rahmen des Elektromagnetismus bezeichnet man die „schweren" und felderzeugende Größe als Ladungen. Damit spielen die schweren und gravitierenden Massen die Rolle von Gravitations-„Ladungen".)

Die Gleichheit von schwerer und gravitierender Masse wurde ebenfalls experimentell untersucht, worauf wir weiter unten kurz eingehen werden. Die Experimente zur Gleichheit der trägen und schweren Masse werden im Folgenden ausführlich dargestellt.

2.3   Das Äquivalenzprinzip: Gleichheit von träger und schwerer Masse

Wir untersuchen nun die obige Gleichung, die die Bewegung eines Körpers im Gravitationsfeld beschreibt: $m_{\text{träge}} \ddot{x} = m_{\text{schwer}} g$, bzw.

$$\ddot{x} = \frac{m_{\text{schwer}}}{m_{\text{träge}}} g. \tag{2.5}$$

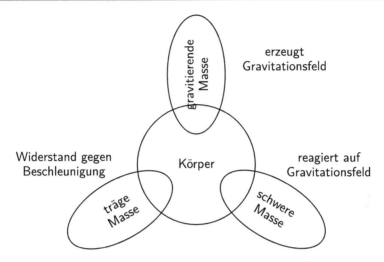

Abb. 2.4 Jeder Körper besitzt drei Massen: die träge Masse, die schwere Masse und die gravitierende Masse. Experimente zeigen mit hoher Genauigkeit, dass alle drei Massen gleich sind

Besitzen verschiedene Körper unterschiedliche Verhältnisse von $\frac{m_{\text{schwer}}}{m_{\text{träge}}}$, so ergibt sich eine unterschiedliche Beschleunigung $\ddot{x}$ und die Körper fallen im Gravitationsfeld g unterschiedlich schnell.

Um das zu quantifizieren, führt man den sogenannten *Eötvös-Koeffizienten* ein (benannt nach dem ungarischen Geodäten Eötvös, der zum ersten Mal Torsionswaagen für hochgenaue Tests des Äquivalenzprinzips einsetzte), der eben die relative Beschleunigungsdifferenz angibt. Wenn also zwei aus unterschiedlichen Materialien bestehende Körper A und B im Gravitationsfeld beschleunigt werden, dann ist der sogenannte Eötvös-Koeffizient

$$\eta_{AB} = \frac{a_B - a_A}{\frac{1}{2}(a_B + a_A)} \tag{2.6}$$

ein Maß für die Übereinstimmung der Beschleunigungen der beiden Körper: je näher beide Beschleunigungen beieinander liegen, umso kleiner wird dieser Koeffizient. Im Idealfall verschwindet er.

Setzen wir nun hier das Newtonsche Bewegungsgesetz ein, erhalten wir eine Aussage über die trägen und schweren Massen beider Körper

$$\eta_{AB} = \frac{\left(\dfrac{m_{schwer}}{m_{träge}}\right)_B - \left(\dfrac{m_{schwer}}{m_{träge}}\right)_A}{\dfrac{1}{2}\left(\left(\dfrac{m_{schwer}}{m_{träge}}\right)_B + \left(\dfrac{m_{schwer}}{m_{träge}}\right)_A\right)}. \tag{2.7}$$

Der Eötvös-Koeffizient verschwindet genau dann, wenn die schweren und trägen Massen beider Körper proportional zueinander sind.

Das Äquivalenzprinzip besagt nun, dass $\eta = 0$ für alle Paare von Massen ist. Dann und nur dann fallen alle Körper im Gravitationsfeld gleich. Das Äquivalenzprinzip gilt nur und ausschließlich für die gravitative Wechselwirkung. Für die elektromagnetische Wechselwirkung gibt es kein Äquivalenzprinzip. Die Gültigkeit des Äquivalenzprinzips zeichnet die Gravitation unter allen Wechselwirkungen aus.

Die Frage ist nun, wie gut kann man Beschleunigungen messen? Genauer gesagt, muss man nur Beschleunigungsdifferenzen messen. Nur diese sind physikalisch sinnvoll. Mit einem einzigen Teilchen kann man keinen Test des Äquivalenzprinzips durchführen.

2.4 Das starke Äquivalenzprinzip

Im Rahmen der Speziellen Relativitätstheorie trägt die Masse eines Teilchen zur Gesamtenergie des Teilchen bei. Das wird durch die berühmte Formel

$$E = mc^2 \tag{2.8}$$

beschrieben. Man kann diese Formel aber auch in die andere Richtung lesen: Energie entspricht einer Masse. In Hochenergieprozessen wird dies genau so beobachtet: Energie kann in Teilchenerzeugungsprozessen umgewandelt werden in massive Teilchen. Das bedeutet auch, dass die Energie zur Masse eines Teilchens beiträgt. Z. B. trägt die Energie des elektrischen Feldes eines geladenen Teilchens zur Masse dieses Teilchens bei.

Genauso kann auch die gravitative Bindungsenergie eines Körpers selbst als (kleiner) Teil der Masse angesehen werden. Bei einer kugelförmigen Masse mit konstanter Dichte ρ kann dies leicht berechnet werden. Sei die Masse der Kugel von Radius r gegeben durch $m(r)$ und die Masse der darauf liegenden Kugelschale der Dicke dr durch $m_{Schale}(r)$, dann ist die Bindungsenergie der Schale gegeben durch

$$d E_{\text{Bindung}} = -\frac{G m(r) m_{\text{Schale}}(r)}{r} \quad \text{mit} \quad m(r) = \frac{4}{3}\pi r^3 \rho, \quad m_{\text{Schale}}(r) = 4\pi\rho r^2 dr.$$
(2.9)

Integriert man dieses von 0 bis zu einem Radius R, erhalten wir mit

$$E_{\text{Bindung}} = -\frac{16}{15} G \pi^2 \rho^2 R^5 = -\frac{3}{5}\frac{G M^2}{R}$$
(2.10)

die gravitative Bindungsenergie, wobei $M = m(R)$ die Gesamtmasse der Kugel vom Radius R ist. Anschaulich gesprochen ist die Bindungsenergie die Energie, die man aufwenden muss, um die einzelnen Bestandteile des Körpers, z. B. Atome, unendlich weit weg zu bringen, d. h. den Körper vollständig zu desintegrieren. Umgekehrt wird Bindungsenergie frei (was das Minus-Zeichen erklärt), wenn sich ein Körper formt.

Dieser Bindungsenergie entspricht über die berühmte Energie-Masse-Beziehung $E = mc^2$ die Masse

$$m = -\frac{3}{5}\frac{G M^2}{R c^2}.$$
(2.11)

Diese Masse ist negativ, was aber der ganzen Argumentation keinen Abbruch tut. Die Gesamtmasse eines Körpers ist damit $M_{\text{gesamt}} = M + m$, die trotz negativem m selbst nie negativ werden kann. Für die Erde ist m weniger als ein milliardstel Teil der Masse der Erde, also immerhin immer noch $2{,}5 \cdot 10^{15}$ kg; für die Sonne ergibt sich der millionste Teil ihrer Masse, was halb so groß wie die Masse der Erde ist.

Es ist nun die Frage, ob für den Teil m der Gesamtmasse ebenfalls das Äquivalenzprinzip gilt. Dies ist der Fall, jedenfalls gibt es kein Experiment bzw. keine Beobachtung, die dieses in Zweifel zieht. Dasselbe Argument gilt auch für alle anderen Formen von Wechselwirkungen und den Massenäquivalenten der ihnen zugehörigen Bindungsenergien. Auch da wurde keine Abweichung vom Äquivalenzprinzip festgestellt. Auch die Wechselwirkungen genügen damit diesem fundamentalen Prinzip.

2.5   Ein weiteres Äquivalenzprinzip: Die Gleichheit von gravitierender und schwerer Masse

Nach der trägen Masse, die sich einer Bewegungsänderung widersetzt, und der schweren Masse, die an ein Gravitationsfeld koppelt, diskutieren wir nun auch die ebenfalls allen Körpern eigene gravitierende Masse, die ein Gravitationsfeld erzeugt, siehe Abb. 2.4. Ein kugelförmiger Körper mit einer *gravitierenden Masse M* erzeugt das Gravitationsfeld

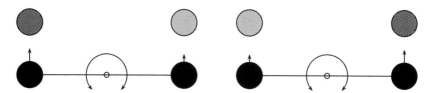

Abb. 2.5 Test der Frage, ob zwei Massen aus verschiedenen Materialien (hier rot und blau gekennzeichnet) aber gleichen Gewichts auch ein gleich großes Gravitationsfeld erzeugen. Wenn das Gravitationsfeld unterschiedlich stark wäre, würde eine der beiden Massen (z. B. die rote Masse) die gegenüberliegende Masse des Torsionspendels stärker anziehen als die andere (blaue) Masse die ihr gegenüberliegende Masse. Ein periodisches Vertauschen der Massen (rechtes Bild) würde dann das Torsionspendel zum Schwingen anregen

$$g = \frac{GM}{r^2} = -\nabla U \quad \text{mit} \quad U = -\frac{GM}{r}. \tag{2.12}$$

U ist das Newtonsche Gravitationspotential und g die gravitative Beschleunigung.

Es stellt sich hier natürlich die Frage, wie sich diese gravitierende Masse zur trägen und schweren Masse verhält. Man kann recht einfach zeigen, dass bei einem gravitativ gebundenen System aus zwei sich gegenseitig umkreisenden Sternen, d. h. einem Binärsystem, dessen Schwerpunkt beschleunigt wird, falls die gravitativen und die schweren Massen nicht gleich sein sollten. Solch ein Phänomen wurde noch nie beobachtet (z. B. beim Mond), so dass diese beiden Massen gleich sein sollten.

Es wurden auch Laborexperimente von L. B. Kreuzer aus der Gruppe von R. Dicke in Princeton durchgeführt. Die Frage in diesem Zusammenhang ist: erzeugen gleich schwere Massen auch das gleiche Gravitationsfeld, unabhängig von deren Zusammensetzung? Speziell: erzeugt ein Kilogramm Blei dasselbe Gravitationsfeld wie ein Kilogramm Aluminium? Dies kann man z. B damit testen, dass wir je ein kg Blei und Aluminium in die Nähe der Massen eines Torsionspendels stellen und diese immer wieder austauschen, siehe Abb. 2.5. Falls das Gravitationsfeld verschieden sein sollte, werden die beiden Massen auf dem Torsionspendel verschieden stark angezogen und das Torsionspendel müsste anfangen zu schwingen. Auch dies konnte mit großer Präzision ausgeschlossen werden.

Was bedeutet das Äquivalenzprinzip 3

Die Gültigkeit des Äquivalenzprinzips im Sinne der Gleichheit von träger und schwerer Masse hat extrem weitreichende Konsequenzen sowohl für die Physik als auch für unser Verständnis von Raum und Zeit. Falls in einem der zukünftigen Experimenten doch kleine Abweichungen von diesem Prinzip festgestellt werden sollten, dann hätte dies aufgrund der Kleinheit des Effektes zunächst nur geringe Auswirkungen auf unser tägliches Leben, die Physik müsste jedoch von Grund auf neu aufgebaut und formuliert werden. So würde die Allgemeine Relativitätstheorie nicht mehr gelten und unser heutiges Verständnis von Raum und Zeit würde somit zusammenbrechen. Wir haben noch keine Vorstellung davon, wie die Physik in diesem Fall aussehen könnte.

3.1 Die Geometrisierung der Gravitation

Das Äquivalenzprinzip sagt aus, dass alle punktförmigen kleinen Teilchen im Gravitationsfeld gleich schnell entlang derselben Bahn fallen. Dabei sind alle anderen Wechselwirkungen und Störkräfte, wie z. B. die Luftreibung, abgeschaltet oder abgeschirmt. Das bedeutet, dass man aus der Beobachtung der Bahn eines Teilchens in einem Gravitationsfeld nichts über seine Natur, d. h. nichts über seine Zusammensetzung, schließen kann. Man kann aus dem freien Fall nicht ersehen, ob der Körper z. B. aus Blei oder aus Aluminium besteht oder wie viel Masse er besitzt. Alle Körper fallen immer gleich. Damit haben Teilchenbahnen nichts mehr mit dem jeweiligen Teilchen selbst zu tun. Diese können also nur noch eine Eigenschaft von Raum und Zeit sein, in denen die Bewegung stattfindet. Diese Eigenschaft von Raum und Zeit ist die Geometrie von Raum und Zeit bzw. der Raum-Zeit. Die gravitativ geführte Bewegung kann daher als Geometrie der Raum-Zeit interpretiert werden.

© Springer Fachmedien Wiesbaden GmbH, ein Teil von Springer Nature 2021 17
M. List and C. Lämmerzahl, *Das Äquivalenzprinzip*, essentials,
https://doi.org/10.1007/978-3-658-32533-6_3

Dies stellt die *Geometrisierung* der gravitativen Wechselwirkung dar: Gravitation ist Geometrie.

Worin besteht nun die Geometrie einer Raum-Zeit? Betrachten wir beispielsweise zwei Satelliten oder Kometen, die an der Erde vorbeifliegen. Dann machen wir die Erfahrung, dass der Satellit oder Komet, der näher an der Erde vorbeifliegt, stärker abgelenkt wird, als derjenige, der in größerem Abstand die Erde passiert. Wenn wir nun den Abstand zwischen diesen beiden Satelliten messen, dann stellen wir fest, dass dieser vor dem Vorbeiflug konstant war, aber mit dem Vorbeiflug anwächst. Die beiden Satelliten zeigen eine Relativbeschleunigung, siehe Abb. 3.1. Diese Relativbeschleunigung ist umso größer, je größer der Abstand zwischen den beiden Satelliten ist. Wir beobachten also

$$\text{Relativbeschleunigung} = \mathbb{R} \cdot \text{Relativabstand}, \qquad (3.1)$$

wobei die Relativbeschleunigung und der Relativabstand jeweils ein Vektor und das $\mathbb{R}$ eine Matrix ist. Dies gilt unabhängig davon, aus welchen Materialien die Satelliten gebaut sind; es gilt für alle Satelliten, die mit derselben Anfangsgeschwindigkeit losgeflogen sind.

Die Matrix $\mathbb{R}$ ist Ausdruck der Raum-Zeit-Geometrie. Diese Matrix hängt direkt mit der Krümmung der Raum-Zeit zusammen (dies kann man mittels der Differentialgeometrie exakt formulieren, was aber über den Rahmen dieses kleinen Buches hinaus geht). Somit haben wir eine direkte operationale und sofort messbare Interpretation dessen erhalten, was wir unter Raum-Zeit-Geometrie verstehen: Die Krümmung, die sich als Relativbeschleunigung frei fallender Teilchen manifestiert.

Damit haben wir also als erste und prominenteste Konsequenz des Äquivalenzprinzips, dass die gravitative Wechselwirkung als Geometrie der Raum-Zeit inter-

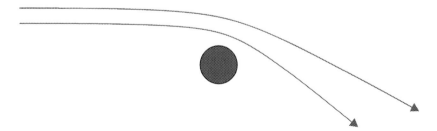

Abb. 3.1 Zwei Satelliten, die in einem unterschiedlichen Abstand an der Erde vorbeifliegen, zeigen eine Relativbeschleunigung. Diese ist ein Maß für die Stärke des von der Erde erzeugten Gravitationsfeldes und somit für die von der Erde erzeugten Krümmung der Raum-Zeit

pretiert werden kann. Dies ist auch ein Grund für die Lichtablenkung, für das Auftreten der gravitativen Rotverschiebung (siehe unten) und letztlich auch dafür, dass es schwarze Löcher geben kann.

3.2   Der Einsteinsche Aufzug

Es gibt es aber noch eine weitere wichtige Konsequenz. Dies ist eine Erkenntnis, die für Einstein wesentlich bei der Aufstellung der Allgemeinen Relativitätstheorie war und die er als seinen „glücklichsten" Gedanken bezeichnet hat. Es geht darum, dass aufgrund der Gültigkeit des Äquivalenzprinzips die Gravitation „wegtranformiert" werden kann.

Dieses „Wegtransformieren" ist auch unter dem Begriff des Einsteinschen Aufzugs bekannt. Angenommen wir stehen in einem ruhenden Aufzug und lassen eine Kugel fallen. Dann fällt diese wie gewohnt auf den Boden des Aufzugs. Kappen wir im Moment des Loslassens der Kugel auch die Seile, an denen der Aufzug hängt, dann fallen die Kugel, der Aufzug und wir zusammen. Aufgrund des Äquivalenzprinzips fallen aber alle Objekte gleich schnell, d. h. der Ball, der Aufzug und auch wir. Der Ball und wir schweben also im Aufzug. Wenn wir nicht wüssten, dass wir in einem Aufzug in Richtung Erde fallen, könnte dies auch in einem Raumschiff im Zustand der Schwerelosigkeit sein.

In dem Bezugssystem des frei fallenden Aufzugs wirkt keine Gravitation. Die Gravitation ist somit wegtransformiert. Das ist nur möglich, weil das Äquivalenzprinzip gilt. – Dies ist auch die Grundlage dessen, dass man in Falltürmen wie dem 146 m hohen Fallturm der Universität Bremen (siehe Abb. 3.2) oder dem etwas kleineren *Einstein Elevator* der Leibniz Universität Hannover Experimente unter (fast perfekter) Schwerelosigkeit durchführen kann.

3.3   Folgerungen aus der Geometrisierung der Gravitation

Die Gültigkeit des Äquivalenzprinzips und die daraus folgende Möglichkeit, die Gravitation wegzutransformieren, hat weitreichende physikalische Konsequenzen. Man kann damit schon Effekte qualitativ vorhersagen, die es in der Newtonschen Gravitationstheorie nicht gibt.

Betrachten wir z. B. einen Lichtstrahl in einem stehenden und einem frei fallenden Fahrstuhl. Da in dem frei fallenden Fahrstuhl alle Gravitation wegtransformiert wurde, breitet sich Licht wie im gravitationsfreien Raum geradlinig aus. Da der Fahrstuhl im Bezugssystem des gravitierenden Körpers aber beschleunigt, muss

Abb. 3.2 Links der Fallturm der Universität Bremen. In der Mitte ist eine technische Zeichnung des Fallturms mit der Fallröhre zu sehen. Rechts wird gerade eine Fallkapsel von ca. 2 m Höhe, in der Experimente durchgeführt werden, die Fallröhre hochgezogen. Mit einer reinen Fallhöhe von ca. 110 m dauert der Fall einer Kapsel 4,7 s. Dabei wird die Fallröhre evakuiert um den Luftwiderstand zu vermeiden. Mit dem Katapult erhöht sich die Freifallzeit um das Doppelte

sich das Licht mitbeschleunigen und der Lichtstrahl eine Parabel beschreiben, siehe Abb. 3.3. Damit wird das Licht im Bezugssystem des gravitierenden Körpers abgelenkt. Diese Lichtablenkung ist einer der charakteristischen Effekte der Allgemeinen Relativitätstheorie. Sie wurde von Albert Einstein vorhergesagt und zum ersten Mal 1919 von Arthur Eddington mittels einer Sonnenfinsternis nachgewiesen.

Unter der Voraussetzung, dass die Energieerhaltung gilt, kann man auch zeigen, dass die Frequenz eines Lichtstrahls, wenn dieser nach oben gerichtet ist, abnimmt, d. h. in Richtung des roten Frequenzspektrums verschoben wird. Dies ist die Rotverschiebung. In Formeln ausgedrückt,

$$\nu(h) = \left(1 - \frac{U(h) - U_0}{c^2}\right)\nu_0, \tag{3.2}$$

wobei ν_0 die Ursprungsfrequenz ist und $\nu(h)$ die Frequenz auf der Höhe h. U_0 und $U(h)$ stellen das Newtonsche Gravitationspotential an einem Referenzpunkt und in der Höhe h dar.

Da man Frequenzen mit Uhren misst, macht dies auch Aussagen über das Verhalten von Uhren: Uhren in einer Höhe h laufen schneller als Uhren unten, d. h. als Uhren näher am gravitierenden Körper. Dies muss man heutzutage bei der Defini-

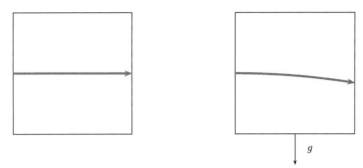

(a) Lichtstrahl in fallenden Fahrstuhl mit weg-transformierter Gravitation.

(b) Lichtstrahl gesehen im System des gravitierenden Körpers, der mit g beschleunigt fällt.

Abb. 3.3 Wegen des Äquivalenzprinzips wird das Licht im Gravitationsfeld abgelenkt

tion der internationalen Atomzeit wie auch beim Global Positioning System GPS oder Galileo berücksichtigen.

Eine weitere Konsequenz der Äquivalenzprinzips ist es auch, dass alle Teilchen bei Schwarzen Löchern denselben Schwarzschild-Horizont „sehen". Falls das Äquivalenzprinzip nicht gilt, würden Teilchen verschieden starke Anziehungskräfte in Richtung des Schwarzen Loches spüren. Dann könnte es zu Situationen kommen, dass Teilchen, die stärker angezogen werden, es nicht mehr aus dem Einflussbereich des Schwarzen Loches gelangen, andere jedoch schon. Es gäbe dann keinen eindeutigen Horizont mehr und vielleicht auch gar keine Schwarzen Löcher mehr.

3.4 Scheinbare Verletzungen des Äquivalenzprinzips

In diesem Abschnitt wollen wir noch auf ein paar Punkte hinweisen, die überraschen und eine etwas genauere Analyse erfordern. Die Gültigkeit des Äquivalenzprinzips bedeutet nicht, dass wirklich alle Körper gleich schnell fallen. Das Äquivalenzprinzip gilt in Strenge nämlich nur für punktförmige, strukturlose Teilchen. Und da es natürlich keine idealen Punktteilchen gibt, d. h. alle Teilchen ausgedehnt sind, muss man das Äquivalenzprinzip auch für ausgedehnte Teilchen diskutieren.

Ausgedehnte Körper spüren eine leicht andere Kraft, als sie durch die Gesamtmasse im Schwerpunkt und der dort herrschenden Gravitationsbeschleunigung gegeben ist. Dies hängt mit der Inhomogenität des Gravitationsfeldes und der Form des ausgedehnten Körpers zusammen. Das kann man leicht verstehen, wenn man bedenkt, dass der untere Teil eines ausgedehnten Körpers eine stärkere gravitative Anziehungskraft spürt, als dessen oberer Teil.

Ein einfaches Beispiel eines nicht punktförmigen Teilchens ist eine Hantel mit zwei Massen M und einer masselos angenommenen Verbindung der Länge $2a$ (Abb. 3.4). Dann kann man sich leicht vorstellen: Wenn die Hantel schief liegt, dann wird der untere Teil der Hantel etwas stärker vom Gravitationsfeld der Erde angezogen, als der obere Teil der Hantel. Die Erdbeschleunigung ist

$$g = \frac{GM}{R^2}, \tag{3.3}$$

wobei G die Newtonsche Gravitationskonstante, M die Masse der Erde und R der Abstand der Masse vom Mittelpunkt der Erde ist, was zusammen ungefähr $g = 10 \, \frac{m}{s^2}$ ergibt. Die Beschleunigung wird bei wachsendem Abstand vom Erdmittelpunkt kleiner. Bei horizontal orientierten Hanteln ist die Erdbeschleunigung auf beide Hanteln gleich. Bei gekippten Hanteln ist die auf die untere Hantel wirkende Erdbeschleunigung größer und die auf die obere Hantel wirkende kleiner,

$$g_{\text{oben}} = \frac{GM}{(R+h)^2} \approx \frac{GM}{R^2}\left(1 - 2\frac{h}{R} + 3\frac{h^2}{R^2} \mp \ldots\right) \tag{3.4}$$

$$g_{\text{unten}} = \frac{GM}{(R-h)^2} \approx \frac{GM}{R^2}\left(1 + 2\frac{h}{R} + 3\frac{h^2}{R^2} \mp \ldots\right) \tag{3.5}$$

Zusammengenommen kompensieren sich die beiden Änderungen der Beschleunigungen nicht,

$$g_{\text{Hantel}} = \frac{1}{2}\left(g_{\text{oben}} + g_{\text{unten}}\right) = \frac{GM}{R^2}\left(1 + 3\frac{h^2}{R^2}\right) = g\left(1 + 3\frac{h^2}{R^2}\right), \tag{3.6}$$

d. h., die Beschleunigung beider gekippter Hanteln ist zusammen etwas größer, als wenn die Hantel horizontal liegt, siehe Abb. 3.4. Zum Glück ist dieser Effekt sehr klein: Bei einer Hantel mit 10 cm Länge ergibt dies eine zusätzliche Beschleunigung von ca. 10^{-14} m/s^2, was im Eötvös-Koeffizienten einen Zusatz der Größenordnung 10^{-15} macht und somit gerade der heutigen Genauigkeit der Tests entspricht. Die Beschleunigung desselben Körpers hängt also davon ab, wie dieser im Gravitationsfeld orientiert ist. Obwohl das Äquivalenzprinzip auf der fundamentalen Ebene der Punktteilchen, aus denen ausgedehnte Körper aufgebaut sind, exakt gültig ist, sieht es bei einer Hantel so aus, als ob es verletzt wäre. Wir haben es dann mit einer *scheinbaren* Verletzung des Äquivalenzprinzips zu tun.

Auch bei einer Masse von der Form einer Kugel erhält man ein ähnliches Ergebnis, dass die im Schwerpunkt wirkende Beschleunigung um einen Faktor $\alpha(a^2/R^2)$

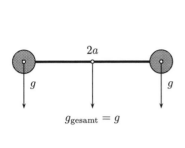

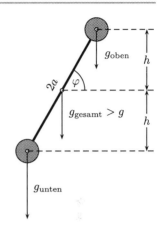

(a) Horizontale Hantel

(b) Um den Winkel φ gekippte Hantel. Es ist dann $h = a \sin \varphi$.

Abb. 3.4 Die Beschleunigung einer Hantel in Abhängigkeit von deren Orientierung im Gravitationsfeld der Erde. Der Schwerpunkt der Hantel ist beidesmal an derselben Stelle

größer ist (a ist der Radius der Kugel und $\alpha \sim 1$). Bei bisherigen Test spielte das keine Rolle, bei den genauen Weltraumtests müssen solche Effekte aber diskutiert werden. (In unserem Beispiel tritt noch ein weiter Effekt auf: Da an der unteren Masse stärker gezogen wird, als an der oberen, fängt die Hantel auch langsam an sich zu drehen, und zwar in Richtung auf die Vertikale.)

Auch geladene Teilchen verletzen in Strenge das Äquivalenzprinzip. Das liegt daran, dass geladene Teilchen ein elektrisches Feld besitzen, welches bis ins Unendliche reicht. Dieses Feld besitzt Energie, und wegen $E = mc^2$ auch Masse. Daher ist ein geladenes Teilchen nicht punktförmig. Man kann zeigen, dass eine punktförmige Ladung in einem inhomogenen Gravitationsfeld eine zusätzliche Beschleunigung erfährt, die proportional zur Raum-Zeit-Krümmung ist.

Auch die Rotation einer Körpers oder der Spin eines Elementarteilchens führt zu einer Verletzung des Äquivalenzprinzips. Ein Teilchen mit Spin, wie z. B. das Elektron, ist zwar punktförmig, besitzt aber wegen des Spins eine Struktur, die an das Gravitationsfeld koppelt, so dass die Teilchen bei unterschiedlichen Drehachsen oder Richtungen des Spins eine andere Gravitationskraft spüren. Die dabei auftretenden zusätzlichen Beschleunigungen beim Elektron, die auch wieder proportional zum Krümmungstensor ist, liegen unterhalb von 10^{-20} m/s^2 und sind daher weitaus kleiner als dass sie bei den gegenwärtigen Tests des Äquivalenzprinzips eine Rolle spielen könnten.

Diese Beispiele zeigen aber nur eine *scheinbare* oder *effektive* Verletzung des Äquivalenzprinzips. Diese treten auch dann auf, wenn das Äquivalenzprinzips auf der fundamentalen Ebene gültig ist. Es ist dann Aufgabe der Experimente, scheinbare Verletzungen des Äquivalenzprinzips zu unterdrücken oder von potentiell echten Verletzungen zu unterscheiden.

3.5   Fundamentale Verletzungen des Äquivalenzprinzips

Eines der großen ungelösten Probleme der theoretischen Physik ist die Suche nach einer Quantisierung der gravitativen Wechselwirkung. Dies ist bisher nicht gelungen. Diese Problematik wird verschärft dadurch, dass die Allgemeine Relativitätstheorie und die Quantentheorie nicht kompatibel zu sein scheinen. Es muss also eine neue Theorie gefunden werden, die Allgemeine Relativitätstheorie und Quantentheorie zu etwas Neuem zusammenführt. Diese zu findende Theorie ist die Quantengravitation.

Es gibt verschiedene Ansätze wie die Stringtheorie, die Schleifen-Quantengravitation, kanonische Quantengravitation, nichtkommutative Geometrie und einige mehr. Stringtheorien z. B. sagen die Existenz zusätzliche Felder voraus, die unterschiedlich an Materie koppeln, effektive Gravitationskonstanten ergeben und damit auf fundamentaler Ebene das Äquivalenzprinzip verletzen. Diese zusätzlichen Felder können auch zu Zeitabhängigkeiten der fundamentalen Konstanten wie der Ladung des Elektrons, der Massen von Elementarteilchen, der Gravitationskonstanten und weiterer führen. Solche Zeitabhängigkeiten von Ladungen und Massen können vorrangig mittels Atom- und Molekülspektroskopie aufgespürt werden. Der Grund liegt darin, dass z. B. die Ladung in der Feinstrukturkonstanten enthalten ist und verschiedene Energieniveaus unterschiedliche Abhängigkeiten von ihr haben, so dass die Energieniveaus sich langsam mit der Zeit verändern sollten. Trotz höchster Messgenauigkeit konnte bisher keine Zeitabhängigkeit gefunden werden (die relative Zeitabhängigkeit der dimensionslose Feinstrukturkonstanten $\alpha = e^2/(4\pi\epsilon_0\hbar c)$ (in SI-Einheiten) konnte kürzlich auf kleiner als 10^{-18} pro Jahr abgeschätzt werden und die des Verhältnisses von Protonen- zu Elektronenmasse $\mu = m_p/m_e$ auf kleiner als 10^{-17} pro Jahr).

Auch kann man zeigen, dass winzige Raum-Zeit-Fluktuationen, wie sie von einer quantisierten Gravitation zu erwarten sind, ebenfalls zu einer Verletzung des Äquivalenzprinzips führen können. Es ist auch ganz anschaulich, dass ein großer Körper schwächer von umgebenden Fluktuationen beeinflusst wird als ein kleiner Körper. Diese Betrachtungen zeigen, dass Tests des Äquivalenzprinzips immer auch eine Suche nach experimentellen Signaturen einer noch final zu findenden Quantengravitationstheorie sind.

Wie testet man das Äquivalenzprinzip? 4

Zum Test des Äquivalenzprinzip muss man die Wirkung der Gravitation auf massive Körper genau ausmessen. Das kann der freien Fall sein aber auch eine eingeschränkte Bewegung wie bei Pendeln. Wir werden alle bisherigen Klassen von Tests vorstellen, abgesehen von dem neuen Raumfahrttest, den wir im nächsten Kapitel darstellen.

4.1 Freier Fall

Da das Äquivalenzprinzip eine Aussage über den freien Fall von punktförmigen Teilchen macht, ist natürlich die Beobachtung von kleinen Teilchen verschiedener Zusammensetzung im freien Fall naheliegend. Wenn nun das Teilchen A die Beschleunigung g_A und das Teilchen B die Beschleunigung g_B spürt, dann fallen diese gemäß den bekannten Freifallgesetzen

$$s_A = \frac{1}{2}g_A t^2, \qquad s_B = \frac{1}{2}g_B t^2, \tag{4.1}$$

wobei t die Fallzeit ist und s_A und s_B die jeweils zurückgelegten Fallhöhen sind. Wenn g_A und g_B unterschiedlich sind, werden die Fallstrecken nach einer bestimmten Zeit t auch unterschiedlich sein. Man kann nun den relativen Unterschied der Fallstrecke angeben

$$\frac{s_B - s_A}{\frac{1}{2}(s_B + s_A)} = \frac{g_B - g_A}{\frac{1}{2}(g_B + g_A)} = \eta_{AB}. \tag{4.2}$$

Dies ergibt also den Eötvös-Koeffizienten.

Solche klassischen Freifall-Experimente wurden und werden durchgeführt, allerdings sind diese nicht sehr genau. Dies liegt erstens daran, dass man sehr präzise zwei

© Springer Fachmedien Wiesbaden GmbH, ein Teil von Springer Nature 2021
M. List and C. Lämmerzahl, *Das Äquivalenzprinzip, essentials,*
https://doi.org/10.1007/978-3-658-32533-6_4

Teilchen am selben Ort loslassen muss. Die Position von verschiedenen makroskopischen z. B. kugelförmigen Massen ist nur auf ca. 1 Mikrometer genau bestimmbar (auch die Teilchen selbst sind nur auf einen Mikrometer genau herstellbar, genauer geht es nicht). Auch wegen unvermeidbarer Dichteinhomogenitäten ist der Schwerpunkt von Teilchen auch nur in derselben Größenordnung bestimmbar. Das bedeutet, dass die Fallstrecke nach einer bestimmten Fallzeit auch nur auf einen Mikrometer genau messbar ist.

Bei einer Fallzeit von 5 s legt ein Körper ca. 125 m zurück, was man z. B. im Fallturm in Bremen erreichen kann (siehe auch Abschn. 3.2). Da man aber nun $\Delta s = s_B - s_A$ nur bis auf einen Mikrometer bestimmen kann, ergibt sich ein Fehler von ca. 10^{-8}, der nicht zu unterbieten ist. Daher sind solche Freifall-Experimente in Bezug auf die Präzision nicht so vorteilhaft. Eine längere Fallstrecke würde die Messgenauigkeit verbessern, was allerdings sehr aufwendig ist.

Außerdem ist zu gewährleisten, dass die Körper im Vakuum fallen. Leider gibt es auf der Erde kein ideales Vakuum. Ein sehr gutes Vakuum, was man für Volumina von der Größenordnung von Kubikmetern erreichen kann, besitzt einen Restdruck von ca. 10^{-7} Millibar; das entspricht etwa einem 10 Milliardstel des Druckes der Atmosphäre auf der Erdoberfläche. Der Luftwiderstand eines mit der Geschwindigkeit v sich bewegenden Körpers mit der Fläche A ist gegeben durch

$$F = \frac{1}{2} c_W \rho A v^2, \tag{4.3}$$

wobei ρ die Dichte der Restluft ist und c_W der Luftwiderstandsbeiwert (der auch bei Autos eine Rolle spielt). Für eine Kugel ist $c_W \approx 1$. Nehmen wir eine Kugel mit $A = 10$ cm^2, dann ergibt sich nach 5 s freien Fall eine Störbeschleunigung von ca. 10^{-10} m/s^2. Diese Störung von g_A und g_B führt zu Fehlern im Eötvös-Koeffizienten. Diese können aber zu einem guten Teil eliminiert werden, wenn alle Testkörper Kugeln mit demselben Radius sind.

Was ebenfalls noch bei einem freien Fall im Gravitationsfeld der Erde zu bedenken ist, dass dieses Gravitationsfeld ja nicht homogen ist: Die Erdbeschleunigung hängt von der Höhe ab. Diese ist gegeben durch

$$g(r) = -\frac{GM}{r^2} \approx 10 \, \frac{m}{s^2}. \tag{4.4}$$

Bei einer leicht anderen Höhe, d. h. bei $r + \delta r$, ändert sich die Erdbeschleunigung um $\delta g = \frac{GM}{r^2} \frac{\delta r}{r}$. Wenn wir also z. B. zwei Kugeln nehmen und diese nebeneinander herunterfallen lassen, dann müssen diese erstens sehr genau auf dieselbe Höhe positioniert sein und zweitens auch mit höchster Präzision gleichzeitig fallen gelassen werden. Schon bei einem Höhenunterschied von $\delta r \approx 1 \, \mu$m zeigt sich eine unterschiedliche Beschleunigung von 10^{-12} m/s², was einem Eötvös-Koeffizienten von 10^{-13} entspricht, was bei den genauesten Test erreicht wird. Dies entspricht auch gleichzeitig der Forderung, dass die beiden Kugeln bis auf maximal 0,5 ms gleichzeitig losgelassen werden müssen. Wenn dies nicht geschieht, ergibt dies ebenfalls unterschiedliche Beschleunigungen, die größer als die bisherige Messgenauigkeit ist. Es ist auch nicht einfach, einen Mechanismus zum Loslassen von Teilchen zu konstruieren, der dieses erfüllt.

Die genaue Positionierung von ca. 1 μm bedeutet, dass auch der Schwerpunkt mit dieser Genauigkeit gegeben sein muss. Dies stellt eine große Herausforderung an die Herstellung der Testmassen dar, die bei diesen Versuchen eingesetzt werden. Die relative Schwankung von Materialdichten beträgt ca. 10^{-5}, was gerade ausreicht, um bei Testmassen in der Größe von Zentimetern obige Anforderung noch erfüllen zu können. Wir müssen also feststellen, dass ganz generell die mechanischen Anforderungen bei solchen Versuchen enorm sind und an die Grenzen des heute technisch Machbaren gehen.

Eine kleine Modifikation des freien Falls ist das Abrollen einer Kugel oder eines Zylinders auf einer schiefen Ebene. Dabei erfährt der rollenden Körpers entlang einer schiefen Ebene mit dem Neigungswinkel α eine Beschleunigung

$$\ddot{s} = \frac{m_{\text{schwer}}}{m_{\text{träge}}} \frac{1}{1 + \dfrac{\Theta}{m_{\text{träge}} R^2}} g \sin\alpha, \tag{4.5}$$

wobei Θ das Trägheitsmoment des rollenden Körpers bezeichnet. Dies wurde von Galileo genutzt, um nach möglichen Unterschieden in der trägen und schweren Masse zu suchen. Ein Nachteil neben all den mechanischen Problemen wie die Rundheit der Körper oder die Reibung ist, dass der zusätzliche Faktor, der das Trägheitsmoment beinhaltet, immer kleiner als 1 ist. Damit werden Auswirkungen einer möglichen Verletzung des Äquivalenzprinzips abgeschwächt.

Zusammengefasst haben wir es also mit folgenden Fehlerquellen bzw. Beschränkungen zu tun

- Anfangsbedingungen
- Luftwiderstand durch unvollkommenes Vakuum
- Herstellung (Geometrie und Homogenität) der Testmassen und Bestimmung des Schwerpunktes
- Bestimmung der Fallzeit und der Fallhöhe
- relativ kurze Fallzeit bzw. Fallhöhe

Mit dieser Diskussion wird schnell klar, dass es günstiger ist, grundsätzlich andere Messverfahren als den freien Fall heranzuziehen. Dies sind periodische Vorgänge wie z. B. die Bewegung von Pendeln mit denen durch die lange Pendelzeit sozusagen die Fallzeit verlängert wird.

4.2   Pendel

Aus den Kräften, die an der Masse m der Pendels (siehe Abb. 4.1) der Länge l angreifen, kann leicht die Bewegungsgleichung für den Auslenkungswinkel φ des Pendels aus der Ruhelage bestimmt werden

$$\ddot{\varphi} = -\frac{m_{\text{schwer}}}{m_{\text{träge}}} \frac{g}{l} \sin \varphi. \tag{4.6}$$

Dabei ist g die am Pendel angreifende Erdbeschleunigung. Der große Vorteil eines Pendels gegenüber dem freien Fall ist, dass diese Bewegung periodisch ist und – bei Vernachlässigung von Reibungskräften – beliebig lange andauern kann. Auf der Erdoberfläche hat ein Pendel mit einem Meter Länge eine Periode von ca. 2 s. Damit fängt alle zwei Sekunden eine neue Messung an, so dass man im Laufe des Experiments eine sehr gute Statistik bekommt, was die Genauigkeit der Messung enorm verbessert.

Abb. 4.1 Die Periode der
Pendelschwingung hängt
vom Verhältnis von träger
und schwerer Masse ab

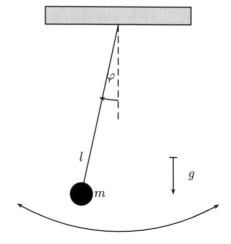

Für sehr kleine Auslenkungen der Pendelbewegung erhalten wir als Schwingungsperiode den einfachen Ausdruck

$$\tau = 2\pi \sqrt{\frac{m_{\text{träge}}}{m_{\text{schwer}}} \frac{l}{g}}. \tag{4.7}$$

Der statistische Fehler der Messung von τ wird um den Faktor $1/\sqrt{N}$ kleiner, wobei N die Anzahl der gemessenen Perioden ist. Damit ist eine lange Schwingzeit von großem Vorteil.

Vergleicht man nun die Schwingungsdauern τ_A und τ_B von Massen zweier verschiedener Substanzen A und B bei gleicher Pendellänge l, dann erhalten wir für den Eötvös-Koeffizienten

$$\eta_{AB} = \frac{\tau_B^2 - \tau_A^2}{\frac{1}{2}(\tau_B^2 + \tau_A^2)}. \tag{4.8}$$

Allerdings steckt auch hier der Teufel im Detail: Es gibt auch hier einige Dinge, die zur Vermeidung von systematischen Fehlern zu beachten sind. Zum einen ist da die Temperatur. Wenn die Temperatur um ΔT zunimmt, dann wird die Pendellänge gemäß $\Delta l = \theta l \Delta T$ zunehmen (θ ist der thermische Ausdehnungskoeffizient des Fadens) und somit die Periode verändern. Die Periode ändert sich in erster Näherung um $\Delta \tau = \frac{1}{2}\tau\alpha\Delta T$. Daher muss die Temperatur möglichst konstant gehalten werden. Eine Temperaturänderung um ΔT würde eine Änderung des Eötvöskoeffizienten η um $\Delta \eta_{AB} \approx 2\alpha\Delta T$ ergeben. Mit typischen Ausdehnungskoeffizienten von $\alpha \sim 10^{-6}$ K^{-1} erhält man bei einer Temperaturänderung von einem Millikelvin eine Ungenauigkeit in η von 10^{-9}. Experimentell ist dies durchaus eine Herausforderung.

Wie beim freien Fall spielt auch hier die Luftreibung eine wichtige Rolle. Wegen der kleinen Geschwindigkeiten bei der Pendelbewegung trägt hierbei am ehesten die durch das Stokessche Gesetz gegebene Reibungskraft

$$F = -6\pi\mu v r \tag{4.9}$$

bei, wobei μ die dynamische Viskosität des Gases, v die Geschwindigkeit des Pendels und r der Radius der kugelförmigen Pendelmasse ist. Man führt diesen Versuch im Vakuum aus. Ein gutes Vakuum hat einen Restdruck von 10^{-7} mbar, d. h. das 10 milliardstel der Atmosphärendruckes. Die Viskosität von Luft bei Atmosphärendruck ist etwa $\mu = 17 \cdot 10^{-11}$ bar s. Das ergibt eine Bremsbeschleunigung von mehr als $5 \cdot 10^{-6}g$. Diese relativ große Fehlerquelle kann man z. B. dadurch minimieren, dass man für alle Materialien gleich große Kugeln verwendet, was aber auch wieder ein technische Herausforderung ist.

Auch ist die Bestimmung der Pendellänge und die des Schwerpunktes der Testmasse schwierig. Längen können mit modernen Methoden auf 10^{-9} genau bestimmt werden. Die Bestimmung des Schwerpunktes der Testmasse wurde ja schon beim freien Fall diskutiert.

Eine weitere Schwierigkeit besteht darin für alle Testmassen exakt die gleiche Periode zu haben. Die exakte Periode eines Pendels ist gegeben durch

$$T = 4\sqrt{\frac{l}{g}}\,K(k)\,, \qquad k = \sin(\tfrac{1}{2}\varphi_0), \qquad (4.10)$$

wobei φ_0 die Amplitude der Winkelauslenkung ist und $K(k)$ das vollständige elliptische Integral der ersten Art. Man sieht, dass unterschiedliche Auslenkungen zu unterschiedlichen Perioden führen (siehe Abb. 4.2), und somit zu demselben Effekt, wie eine Verletzung des Äquivalenzprinzips. Man muss also bei allen Versuchen die Auslenkung immer sehr genau einstellen können.

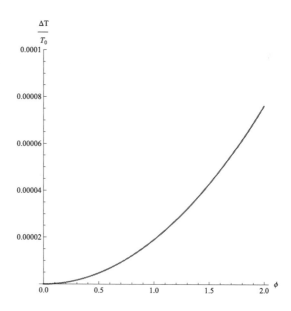

Abb. 4.2 Relative Änderung der Periode eines Pendels bei Änderung der Auslenkungsamplitude: Die Änderung der Amplitude um einen Grad ergibt schon einen Fehler von der Größenordnung 10^{-5}, der sich direkt auf die Genauigkeit des Eötvös-Koeffizienten durchschlägt

Wir fassen also die möglichen Fehlerquellen zusammen:

- Auslenkung und Periode,
- Luftreibung und Luftdruck,
- Herstellung der Testmasse und Schwerpunktsbestimmung,
- Länge des Pendels,
- Temperatur.

Man sieht, dass alles zusammen schon eine sehr große Herausforderung an die Durchführung von solchen Experimenten darstellt. In den mit Pendeln durchgeführten Versuchen erreichte man $\eta_{AB} \leq 10^{-6}$ (Potter 1927). Dies konnte aber Ende des 19. Jahrhunderts mit einer neuen Experimentiertechnik entscheidend verbessert werden.

4.3 Torsionspendel

Eine weitere und erhebliche Verbesserung der hochpräzisen Messung kleinster Kräfte wurde durch die Entwicklung des Torsionspendels (auch Torsionswaage genannt) möglich. Dieses Instrument und Messverfahren wurde von John Michell entwickelt und dann von Charles-Augustin de Coulomb zum ersten Mal zum Ausmessen elektrischer Kräfte wissenschaftlich genutzt. Danach hat Henry Cavendish dies weiterentwickelt und zum Ausmessen der Gravitationskraft und der Gravitationskonstanten eingesetzt. Schließlich wurde es von dem ungarischen Geophysiker Lorand Eötvös auch zum Test des Äquivalenzprinzips eingesetzt (Eötvös et al. 1922).

Eine Torsionswaage besteht aus einer Hantel welche in der Mitte an einem Faden, meist Draht, aufgehängt ist. Kleinste Kräfte, die an den Massen angreifen, lenken diese Hantel aus. Kleinste Auslenkungen können z. B. gut durch Licht ausgemessen werden, siehe Abb. 4.3.

Der große Vorteil dieses Geräts besteht darin, dass es äußerst sensitiv ist und auf kleinste Kräfte bzw. Kräftedifferenzen reagiert. Die Drehbewegung ist die eines schwach gedämpften harmonischen Oszillators. Die Dämpfung der Schwingung ist umgekehrt proportional zum Trägheitsmoment der Hantel (bei vernachlässigbarer Masse der Querstange ist dies $2MR^2$, wenn $2R$ die Länger der Hantel und M die Massen sind). Das heißt, mit großen Massen und langer Hantelstange kann die Dämpfung sehr klein gemacht werden. Die Rückstellkraft der Torsionswaage bei einer kleinen Auslenkung ist proportional zur Länge der Aufhängung und zur Dicke des Drahtes und hängt natürlich auch vom Material des Drahtes ab. Da die Frequenz der Schwingung durch die Wurzel aus der Rückstellkraft dividiert durch

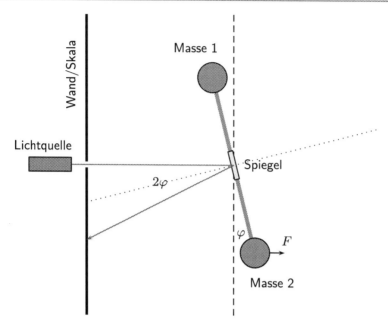

Abb. 4.3 Die Funktionsweise einer Torsionswaage (Draufsicht): Die gestrichelte Linie zeigt die Nulllage des Torsionspendels an. Kleine Auslenkungen bzw. Drehungen φ, die z. B. von einer kleinen an der Masse 2 angreifenden Kraft F bewirkt werden, können mittels eines Lichtstrahls (rot), der von einem an der Torsionswaage befestigten Spiegel auf eine Wand reflektiert wird, sehr genau ausgemessen werden

das Trägheitsmoment der Hanteln gegeben ist, hat man mehrere Möglichkeiten, die Frequenz der freien Schwingung und damit die Resonanzfrequenz einzustellen. Das ist wichtig, weil die Torsionswaage genau dann am sensitivsten auf periodischen äußeren Kräften reagiert, wenn diese die Resonanzfrequenz besitzen.

Der Nachteil beim Test des Äquivalenzprinzips ist Folgender: da sich das Torsionspendel nur in der Horizontalen bewegen kann, steht die Erdgravitation nicht zur Verfügung. Statt dessen wird als nächstgrößeres Gravitationsfeld das der Sonne genommen. Am Ort der Erde ist die Beschleunigung zur Sonne hin ca. $0,06$ m/s^2, was um einen Faktor 170 kleiner als die Erdbeschleunigung ist (der Einfluss des Mondes ist nochmal um einen Faktor 100 kleiner). Die große Sensitivität des Torsionspendels wiegt diesen Nachteil nicht nur auf, sondern gibt ein insgesamt genaueres Messverfahren als alle vorherigen.

Wegen der Erdrotation ändert sich die am Experiment angreifende Gravitation der Sonne, und zwar mit einer Periode von 24 h. Daher stellt man das Torsionspendel wie oben beschrieben auf eine Resonanzfrequenz von 24 h ein, weil das Pendel dann bei einer Anregung mit dieser Frequenz am sensitivsten ist.

Der Versuchsablauf ist dann wie folgt: Da das Torsionspendel auf der Erde fix montiert ist und sich mit der Erde dreht, wird einmal am Tag die Sonne von der einen Seite und 12 h später von der anderen Seite wirken. Wenn die Massen der Hanteln aus unterschiedlichem Material sind und das Äquivalenzprinzip verletzt wäre, müsste auf eine Masse immer eine etwas stärkere Kraft wirken, die dann die Torsionswaage zum Schwingen anregt. Diese Schwingungen wurden im Rahmen der Genauigkeiten nie beobachtet, so dass mit den neuesten Experimenten aus dem Jahre 2003 in der Gruppe um Eric Adelberger und der Universität von Seattle eine Abschätzung von $\eta < 10^{-13}$ erreicht wurde (Schlamminger et al. 2008; Wagner et al. 2012).

Da die Geschwindigkeit des Pendels sehr klein ist, trägt jetzt auch nicht mehr die Luftreibung an sich zur Störung bei, sondern das thermische Rauschen der Luftmoleküle. Ähnlich muss auch das thermische Rauschen des Drahtes berücksichtigt werden, aber auch „glitches", kleine Sprünge, bei der Verdrehung des Drahtes führen zu Ungenauigkeiten. Das alles ist äußerst kompliziert und bringt einen auch wieder an die Grenzen der Materialwissenschaften. Auch hängt bei der erreichten Genauigkeit die Rückstellkraft von der Auslenkung ab (Kuroda-Effekt). Bei der erreichten Sensitivität muss auch die Umgebung des Torsionspendels gravitativ modelliert werden. Schon bei den Experimenten von Eötvös konnte das Ergebnis durch das von anwesenden Experimentatoren erzeugte zusätzliche Gravitationsfeld verfälscht werden. Wenn eine zusätzliche Masse z. B. in Längsrichtung des Torsionspendels liegt wird die Periode des Pendels etwas kleiner, wenn die zusätzliche Masse schief dazu steht, wird die Nulllage des Pendels und damit auch die Periode verändert.

Diese große Sensitivität und hohe Genauigkeit macht eine extrem detaillierte Fehleranalyse notwendig. Die wichtigsten Fehlerquellen sind:

- Temperaturstabilität
- Temperaturrauschen im Draht
- Auslenkung
- Vakuum
- Material des Torsionsfadens
- Fabrikation der Testmassen
- gravitative Modellierung der Umgebung.

Diese Technologie ist an ihre praktischen Grenzen gestoßen. Dünnere Drähte für die Aufhängung, die die Sensitivität erhöhen könnten, können aus Gründen des Gewichts der Masse der Hantel nicht genommen werden. Man hat versucht, das ganze Gerät bei sehr tiefen Temperaturen (kryogen) aufzubauen, was aber erhebliche materialphysikalische Probleme mit sich brachte, so dass auch diese Entwicklung eingestellt wurde.

4.4   Lunar Laser Ranging

Da astronomische Messungen sehr genau sind, liegt es nahe, auch mittels astrophysikalischer Konstellationen das Äquivalenzprinzip zu testen. Was man z. B. machen kann, ist ein Binärsystem aus zwei Objekten aus unterschiedlichem Material im Gravitationsfeld eines dritten Körpers zu beobachten. Bei Gültigkeit des Äquivalenzprinzips kreisen beide Körper um ihren gemeinsamen Schwerpunkt. Falls das Äquivalenzprinzip verletzt ist, wird einer der beiden Körper etwas stärker und der andere etwas schwächer von dem dritten Körper angezogen. D. h. die beiden Bahnen sind etwas gegeneinander verschoben (man nennt das auch polarisiert), und zwar in Richtung des dritten Körpers. Als erstes bietet sich da das Erde-Mond-System an. Erde und Mond bestehen aus hinreichend unterschiedlichen Materialien: Die Erde besitzt z. B. einen fast viel mal so großen Eisen-Nickel-Anteil wie der Mond. Da die Masse der Sonne sehr groß gegenüber der Masse der Erde und diese auch groß gegenüber der Masse des Mondes ist, würde eine Verletzung des Äquivalenzprinzips eine kleine Verschiebung der Mondbahn in Richtung zur Sonne oder von ihr weg zur Folge haben, siehe Abb. 4.4.

Die Mondbahn kann mittels des sogenannten Lunar Laser Ranging LLR mit einer Genauigkeit im Bereich von Zentimetern vermessen werden. Dies ist möglich, weil die früheren Apollo-Missionen eine Reihe von Retroreflektoren auf dem Mond abgesetzt haben. Man kann nun Laser-Pulse Richtung Mond schicken, die reflektiert werden und wieder auf die Erde kommen. Aus der gesamten Laufzeit der Laser-Pulse – und die Laufzeit kann man mit den heutigen extrem genauen Uhren auf Pikosekunden genau messen – kann man mittels der bekannten Lichtgeschwindigkeit die Entfernung sehr genau bestimmen.

Dieses LLR hat bisher keine Polarisation der Mondbahn nachweisen können. Eine neue Datenauswertung von alten aber auch neuen Daten (von 1970 bis 2015) wurde von der Gruppe um Jürgen Müller von der Leibniz Universität Hannover durchgeführt (Hoffmann und Müller 2018). Die daraus resultierende Genauigkeit der Abschätzung des Eötvös-Faktors liegt leicht verbessert bei knapp unter 10^{-13}.

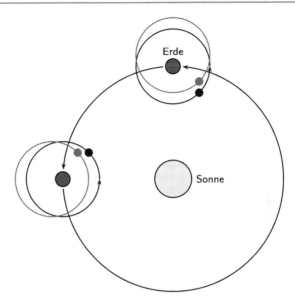

Abb. 4.4 Test des Äquivalenzprinzips mit dem Erde-Mond-System. Schwarze Mondbahn: keine Verletzung, rote Mondbahn: Verletzung des Äquivalenzprinzips

Da der Mond eine genügend große gravitative Bindungsenergie besitzt, kann man mit denselben Messungen auch das starke Äquivalenzprinzip testen, und zwar mit einer verbesserten Genauigkeit von fast 10^{-4}.

4.5 Atominterferometrie

Eine moderne Art den freien Fall auszumessen ist die Interferometrie mit Quantenobjekten. Das erste Experiment, welches die Wechselwirkung von Quantensystemen mit dem Gravitationsfeld nachwies und ausmaß, ließ Neutronen interferieren (Colella et al. 1975). Dazu werden Neutronen, die mit einer Geschwindigkeit von ca. 1 km/s aus einem Reaktor kamen, mittels eines Silizium-Einkristalls aufgespalten. Dabei verläuft ein Strahl auf einem höheren Gravitationspotential als der andere,

Abb. 4.5 Neutroneninter-
ferometrie im Gravitationsfeld. Die Gravitation wirkt
entlang der Vertikalen. Das
ganze Instrument, d. h. das
Silizium-Einkristall und die
Detektoren, drehen sich um
eine horizontale Achse um
den Winkel ϕ. A, B, C
und D bezeichnen die
Strahlteiler/Spiegel und die
C_i die Zähler (Counter).
(Aus (Colella et al. 1975).)

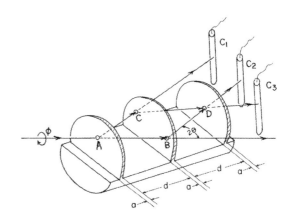

siehe Abb. 4.5. Der Höhenunterschied hängt vom Winkel ϕ ab. Mit dieser Apparatur
wurden auch viele Experimente zum Test der Grundlagen und zur Interpretation der
Quantenmechanik durchgeführt.

Zu Beginn der 90ger Jahren wurden in der Arbeitsgruppe von Jürgen Mlynek an
der Universität Konstanz zum ersten Mal Interferenzversuche mit Atomen durchgeführt. Diese beruhten auf einem Doppelspalt. Kurz danach gelang an der PTB unter
Fritz Riehle in Kooperation mit Christian Bordé aus Paris das erste Atominterferometrieexperiment, bei dem statt mechanischen Strahlteilern Laserstrahlen zum
Einsatz kamen. Damit haben die Kollegen einen Versuch durchgeführt, mit dem
der Einfluss der Rotation des Interferometers auf das Interferenzbild nachgewiesen wurde (Sagnac-Effekt). Dies war das erste atominterferometrische Gyroskop.
Kurz darauf haben Steve Chu und Mark Kasevich von der Stanford University
ebenfalls ein auf Laserstrahlen basierendes Atominterferometrieexperiment durchgeführt, mit dem der Einfluss der Erdbeschleunigung auf die Phasenverschiebung
gemessen wurde, was als erstes atominterferometrisches Gravimeter interpretiert
werden kann. Der Ablauf des Experiments ist in Abb. 4.6 dargestellt.

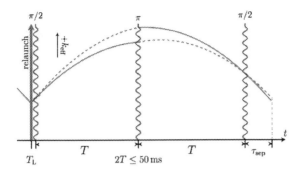

Abb. 4.6 Atominterferometrie: Ein Atomstrahl (blau, von links kommend) wird mittels Laserlicht in zwei Teilstrahlen aufgespalten (durchgezogene und gestrichelte Linien). Ein zweiter Laserstrahl wirkt wie ein Spiegel und ein letzter Laserstrahl bringt die beiden atomaren Teilstrahlen wieder zur Überlagerung. Der obere Teilstrahl spürt ein etwas anderes Gravitationspotential wie der untere, was sich in der Phasenverschiebung ausdrückt, die direkt beobachtet werden kann. (aus (Abend et al. 2016))

Diese Phasenverschiebung im Atominterferometer ergibt sich zu

$$\delta\phi = k \cdot g \, T^2, \qquad (4.11)$$

wobei k der Wellenvektor des Laser ist und T die Zeit zwischen den Laser-Pulsen ist. Im Falle konstanter Gravitationsbeschleunigung g ist diese Formel exakt.

Dies lässt sich auch zum Test des Äquivalenzprinzips verwenden. Schreiben wir die zugrundeliegende Schrödinger-Gleichung nun mit träger und schwerer Masse und berechnen nochmal die Phasenverschiebung, ergibt sich

$$\delta\phi = \frac{m_{\text{schwer}}}{m_{\text{träge}}} k \cdot g \, T^2. \qquad (4.12)$$

Vergleicht man also die Phasenverschiebung für zwei verschiedene Atomsorten A und B bei vorgegeben k und T, kann man daraus den Eötvös-Koeffizienten bestimmen, wobei zu bedenken ist, dass i.a. die verschiedene Atomsorten auch eine anderen Wellenvektor erfordern (die Puls-Zeiten können gleich gewählt werden)

$$\eta = \frac{\frac{\delta\phi_B}{k_B} - \frac{\delta\phi_A}{k_A}}{\frac{1}{2}\left(\frac{\delta\phi_B}{k_B} + \frac{\delta\phi_A}{k_A}\right)}. \tag{4.13}$$

Mit solchen Aufbauten wurden schon erste Tests des Äquivalenzprinzips durchgeführt. Dennis Schlippert und Ernst Rasel an der Leibniz-Universität Hannover haben die Phasenverschiebungen von Interferenzexperimenten mit Rubidium- und Kalium-Atomen verglichen (Schlippert et al. 2014). Ihre Genauigkeit betrug 10^{-7}. Dies ist noch nicht vergleichbar mit der phantastischen Genauigkeit von 10^{-13} der Torsionswaagen, diese Quantentechnologie steht aber auch erst am Anfang. Wie aus den Formeln (4.11) und (4.12) ersichtlich, erhält man größere Phasenverschiebungen, ja größer T ist. Und zwar wächst die Phase, und damit die Sensitivität des Interferometers, quadratisch mit T. Daher ist der Plan, die Verweildauer T der Atome im Interferometer zu verlängern, indem man in die Schwerelosigkeit geht. Das kann man im Fallturm erreichen, wo man fast 10 s Schwerelosigkeit erreichen kann (siehe Abschn. 3.2), oder im Weltraum, wo man im Prinzip eine unendlich lange Freifallzeit zur Verfügung hat. Die Schwierigkeit besteht dann darin, die Dekohärenz der Atome aufgrund von nichtidealem Vakuum, von Störstrahlung, und möglichen anderen Einwirkungen unter Kontrolle zu bekommen. Daran arbeiten wir im Rahmen der Projekte QUANTUS (Quantenmechanik unter Schwerelosigkeit) und PRIMUS (PRäzisions-Interferometrie von Materiewellen Unter Schwerelosigkeit). Auch wenn man nicht sofort in den Genauigkeitsbereich der klassischen Tests kommt, so ist es trotzdem wichtig solche Test rein quantenmechanisch durchzuführen, weil es auch sein könnte, dass Quantensysteme sich anders als klassische Teilchen verhalten (siehe Abschn. 3.5).

In diesem Zusammenhang muss auch erwähnt werden, dass auch noch nicht so ganz klar ist, was das Äquivalenzprinzip auf der Ebene der Quantenmechanik überhaupt bedeutet bzw. wie es dort definiert werden kann. Da Quantenfelder immer ausgedehnt sind, verletzen sie prinzipiell die Bedingung „punktartig". Unter bestimmten Umständen, wie z. B. bei der Beschreibung von Interferenzexperimenten wie die oben erwähnten Neutonen- und Atominterferometrieexperimente im Rahmen der üblichen Quantenmechanik, kann man aber ein Äquivalenzprinzip formulieren, was der klassischen Formulierung nahe kommt (Lämmerzahl 1996). Wie das allerdings im Rahmen der Quantenfeldtheorie aussieht, ist nicht klar.

4.6   Weitere Aspekte des Äquivalenzprinzips

Wir haben oben schon diskutiert, dass geladene Teilchen oder Teilchen mit Spin prinzipiell das Äquivalenzprinzip verletzen. Diese ebenfalls scheinbare Verletzung des Äquivalenzprinzips kann man berechnen und es zeigt sich, dass diese Effekte weit unterhalb der Messgenauigkeit liegen. Man kann sich aber die Frage stellen, ob Ladungen und Spin nicht noch auf anomale Weise an das Gravitationsfeld koppeln und damit das Äquivalenzprinzip auf einer fundamentalen Ebene verletzen würden. So wird diskutiert, ob es eine Zusatzkraft auf Teilchen mit Spin S von der Form $\alpha_1 S \cdot g$ oder $\alpha_2 S \times g$ geben könnte. Oder ob für Teilchen mit einer Ladung q eine Zusatzkraft der Form $\beta q g$ vorliegen könnte (hier sind α_1, α_2 und β Parameter, die die Stärke der anomalen Kopplung angeben). Solche zusätzlichen Kopplungen werden durch Versuche, die Gravitationstheorie mit dem Standardmodell der Elementarteilchen zu kombinieren, nahe gelegt. Man hat entsprechende Experimente durchgeführt, aber bisher keinen Hinweis auf solche anomalen Kopplungen gefunden (da es sich hier um Wechselwirkungen mit dem Spin eines Teilchens handelt, werden meist quantenmechanische Tests durchgeführt). Im Rahmen der Messgenauigkeiten sind die Parameter α_1, α_2 und β alle Null.

Der Weltraum bietet die ideale Experimentierumgebung um Tests des Äquivalenzprinzips durchzuführen. Wir stellen die Gründe hierfür dar und beschreiben die erste und bisher einzige Raumfahrtmission, mit der das Äquivalenzprinzip mit der momentan besten Genauigkeit bestätigt werden konnte.

5.1   Überblick über die Raumfahrtmission MICROSCOPE

Die französische Satellitenmission MICROSCOPE hat zum Ziel das Äquivalenzprinzip mit der bisher weltweit höchsten Genauigkeit von bis zu 10^{-15} zu testen (Touboul et al. 2012) (das Akronym bedeutet Micro-Satellite à traînée Compensée pour l'Observation du Principe d'Equivalence). Die Kooperationspartner auf der Ebene der Raumfahrtagenturen sind die französische CNES (Centre National d'Études Spatiales) und das deutsche DLR (Deutsches Zentrum für Luft- und Raumfahrt). Die beteiligten Institute sind ONERA (Office National d'Études et de Recherches Aérospatiales), OCA (Observatoire de la Côte d'Azur), ZARM und PTB (Physikalisch-Technische Bundesanstalt). Mit MICROSCOPE wird zum ersten Mal ein Experiment zum Test des Schwachen Äquivalenzprinzips in einen Erdorbit gebracht. Zusammen mit dem DLR sind wir von der Universität Bremen seit fast 20 Jahren dabei, das Missionskonzept zu erarbeiten, die in den Satelliten eingesetzten Akzelerometer bei uns im Fallturm zu testen und nun die Datenanalyse durchzuführen. Die PTB in Braunschweig hat die Testmassen gefertigt, die besonders hohe Anforderungen zu erfüllen haben. Wir werden nun darlegen, warum der Weltraum eine ideale Experimentierumgebung ist, wie die wissenschaftlichen Nutzlast von MICROSCOPE aufgebaut ist, wie die Mission ablief und was bisher an Ergebnissen herausgekommen ist.

© Springer Fachmedien Wiesbaden GmbH, ein Teil von Springer Nature 2021   41
M. List and C. Lämmerzahl, *Das Äquivalenzprinzip, essentials*,
https://doi.org/10.1007/978-3-658-32533-6_5

5.2   Warum sind Tests im Weltraum von Vorteil?

Wie oben beschrieben, haben Freifallexperimente den Vorteil die gesamte Erdgravitation nutzen zu können. Allerdings haben diese Experimente den großen Nachteil nicht periodisch zu sein. Bei den Pendelexperimenten können wir die gute Statistik aufgrund der Periodizität nutzen, wobei aber nur das viel schwächere Gravitationsfeld der Sonne zur Verfügung steht. Außerdem sind bei erdgebundenen Experimenten die seismischen Störungen von großem Nachteil. All diese Nachteile fallen bei Experimenten im Weltraum weg, ohne den Vorteil der Erdgravitation aufgeben zu müssen. Der Weltraum ermöglicht im Prinzip die optimalen Bedingungen für Tests des Äquivalenzprinzips. Darüber hinaus können auch noch wegen der freien Beweglichkeit im Weltraum die Randbedingungen für dieses Experiment beliebig geändert werden, womit man potentielle Verletzungen des Äquivalenzprinzips besser identifizieren kann.

Wir haben also im Weltraum

- die Wirkung der vollen Erdbeschleunigung,
- sehr lange Zeit um kleinste Kräftedifferenzen aufzuaddieren,
- einen periodischen Versuchsablauf,
- extrem ruhige Weltraumbedingungen sowie sehr gutes Vakuum,
- und frei wählbare Randbedingungen.

Mit all diesen prinzipiellen Vorteilen stellt ein Satellitenprojekt wie MICROSCOPE durchaus das „ultimative Experiment" zum Test des Äquivalenzprinzips dar. Dabei können weitere technische Entwicklungen – wir werden unten darauf eingehen – die mit MICROSCOPE angestrebte Genauigkeit noch verbessern.

Dass es trotz der ganzen Vorteile noch sehr vieler Anstrengungen und neuer Technologien brauchte, um solch ein Experiment durchführen zu können, wird im Folgenden klar. So muss insbesondere die Abbremsung durch die Restatmosphäre eliminiert werden, da dies eine Störkraft auf die Testmassen ausüben würde, die dann ja nicht mehr frei fliegen könnten. Auch muss z. B. das Erdmagnetfeld mit hoher Genauigkeit abgeschirmt werden, da dieses störend auf elektronische Komponenten einwirkt. Auch Strahlungen wie z. B. von geladenen Teilchen wie Protonen und Elektronen, die auf den Satelliten treffen, müssen abgeschirmt werden, um ein eventuelles elektrisches Aufladen des Experiments (oder auch nur Teilen davon) oder technische Schäden zu verhindern. Daneben trifft Wärmestrahlung von der Sonne oder von der Erde (Erdalbedo) auf den Satelliten. Dadurch dehnt sich der Teil des Satelliten, der der Sonne bzw. der Strahlung zugewandt ist, etwas aus. Nach einer gewissen Zeit dringt diese Temperatur auch in den Satelliten ein und wirkt dort als thermische Störung, die die Messungen beeinflussen können. Das muss natürlich auch weitgehend unterbunden werden. Daher muss das Experiment sehr gut thermisch isoliert sein (wir haben ja oben gesehen, dass die thermische Stabilität im Bereich von Millikelvin liegt). Auch kann die Sonnenstrahlung eine Kraft auf den Satelliten ausüben, was diesen leicht vom freien Fall abbringt. Messungen, die während der Phasen, in denen der Satellit immer wieder mal durch den Erdschatten fliegt und damit Temperaturänderungen von 100 Grad erfährt, sind wegen der dadurch hervorgerufenen thermischen Fehler für die Wissenschaft nicht nutzbar (für technische Analysen und Tests aber schon). Außerdem müssen Änderungen des Gravitationsfeldes der Erde durch die Sonne und den Mond mit berücksichtigt werden.

5.3 Das Missionsszenario

Unter Berücksichtigung aller Vorteile ergibt sich folgendes Szenario für den Ablauf einer Weltraummission zum hochgenauen Test des Äquivalenzprinzips: Ziel ist es, im Satelliten die Bewegung zweier Testmassen aus unterschiedlichen Materialien zu beobachten. Um mit höchster Präzision entscheiden zu können, ob diese im Gravitationsfeld der Erde gleich fallen, müssen zunächst deren Schwerpunkte übereinander liegen. Dies kann am besten dadurch bewerkstelligt werden, dass beide Testmassen unterschiedlich große Hohlzylinder sind, die ineinander geschoben sind, siehe Abb. 5.1. Wie oben schon bei den Pendelversuchen diskutiert, müssen die Testmassen mit einer Genauigkeit von einem Mikrometer gefertigt werden. Auch müssen die Schwerpunkte dieser beiden Zylinder mit dieser Genauigkeit übereinander liegen. Dazu müssen diese Zylinder auch mit dieser Genauigkeit bewegt und positioniert werden.

Man verwendet zwei Paare von Zylindern. Ein Paar besteht aus Zylindern unterschiedlicher Zusammensetzung, bei denen eine Äquivalenzprinzipverletzung sichtbar werden kann. Dieses Paar nennt man die Science Unit (SU). Das zweite Paar besteht aus Zylinder derselben Geometrie, wobei nun aber die Zylinder aus dem gleichen Material gefertigt sind. Dieses zweite Paar dient als Referenz und wird als Referenz-Unit (RefU) bezeichnet.

Wenn dies alles so eingerichtet ist, werden im Weltraum in der Schwerelosigkeit die Zylinder losgelassen und man beobachtet, ob diese anfangen, sich gegeneinander zu bewegen. Dabei werden ausschließlich Bewegungen in Richtung der gemeinsamen Achse zugelassen. Eine Präparation und Ausmessung der Bewegung in allen drei Dimensionen ist viel zu aufwendig und bringt auch keinerlei Vorteile. Lässt man den Satelliten und damit die Zylinder um die Erde fliegen, dann behalten diese ihre Orientierung relativ zueinander bei. Wenn das Äquivalenzprinzip verletzt wäre,

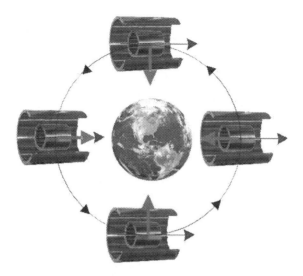

Abb. 5.1 Messprinzip MICROSCOPE: Der blaue Pfeil definiert die Richtung der positiven Hauptachse, der rote Pfeil symbolisiert die jeweilige Wirkungsrichtung der gravitativen Beschleunigung entlang der Hauptachse des Experiments (Berge et al. 2015)

würden die Testmassen anfangen, sich sich gegeneinander zu bewegen, und zwar mit einer sinusförmigen Bewegung mit der Frequenz der Erdumrundung des Satelliten (ca. 90 min).

Typische Störeinflüsse von außen besitzen ebenfalls die Periodizität einer Bahnperiode. Wenn man also einen potentiellen äquivalenzprinzipverletzenden Effekt sehen möchte, müsste man alle äußeren Störungen sehr genau kennen oder sehr gut abschirmen. Das wird natürlich gemacht, aber es gibt noch eine weitere raffinierte Methode, das gesucht Messsignal von diesen Störungen zu unterscheiden: Man lässt den Satelliten rotieren, und zwar in der Bahnebene des Satelliten, d. h. um eine Achse, die senkrecht zur Bahnebene und zur Bewegung steht. Damit kann man die Periode des Signals einer möglichen Verletzung des Äquivalenzprinzips verändern, und damit insbesondere von der Periode der Erdumrundung trennen. Dies geht nur aufgrund der freien Beweglichkeit im Weltraum. Da man die Drehfrequenz des Satelliten frei wählen kann, kann die Periode des äquivalenzprinzipverletzenden Signals auch verändert werden. Das steigert natürlich enorm die statistische Genauigkeit, solch ein Signal zu messen.

Außerdem muss die Abbremsung der Erdatmosphäre durch einen kleinen Schub kompensiert werden. Dieser Schub muss sehr genau bestimmt werden. Dazu verwendet man ebenfalls die Testmassen: Wenn diese sich gemeinsam gegenüber dem Satelliten anfangen zu bewegen, dann kann dies nur aufgrund einer Störung auf den gesamten Satelliten sein. Diese gemeinsame Beschleunigung kann man ausmessen und mithilfe eines Regelkreises in einen kleinen Schub von entsprechend konstruierten Düsen umgewandelt werden. Das nennt man eine *drag-free*-Lageregelung.

Zusammengefasst muss der Satellit ohne Abbremsung und unter Abschirmung aller möglicher Störungen die Erde umkreisen und dabei mit verschiedenen Drehraten sich um die eigene Achse drehen. Dann kann man durch eine hochgenaue Messung des Relativabstandes der Zylinder eine mögliche unterschiedliche gravitative Beeinflussung der Zylinder mit höchster Genauigkeit ausmessen. Dies erforderte die Entwicklung neuer Technologien, die wir kurz beschreiben.

Die Dauer der Mission war durch die Menge an mitgeführtem Treibstoff für die kleinen Düsen auf ca. 18 Monate begrenzt. Danach wurden mit dem Satelliten weitere Messungen durchgeführt für die das hochgenaue Lageregelungssystem nicht benötigt wurde. So konnten unter anderem Störeffekte in der Umlaufbahn, die durch Erdalbedostrahlung, Infrarotstrahlung, solarer Strahlungsdruck, Erdatmosphäre, etc. hervorgerufen wurden, sehr genau vermessen werden. Nach Abschluss dieser Messungen wird der Satellit mit Hilfe einer automatischen Flächenvergrößerung seine Geschwindigkeit und somit seine Flughöhe verringern, um im für LEO-Satelliten (Low Earth Orbiter) vorgeschriebenen Zeitrahmen die Erdumlaufbahn zu verlassen („European Code of Conduct for Space Debris Mitigation"), in die Erdatmosphäre einzutreten und zu verglühen.

5.4 Technologien

MICROSCOPE ist mit einem Volumen von etwas mehr als $2\,m^3$ und einem Gewicht von ca. 300 kg ein sogenannter Kleinsatellit. Der nahezu würfelförmige Satellit basiert auf einer von EADS Astrium und der CNES entwickelten Serie, der aber natürlich an die speziellen Herausforderungen des Experiments, und hier besonders an das dafür speziell benötigte *drag-free*-Lageregelungskonzept, angepasst werden musste. Der deutsche Beitrag dieser Mission bestand in der hochgenauen Fertigung der Testmassen sowie in einer mehr als 15 Jahre dauernden Ausarbeitung eines Missionskonzeptes, welches neue Maßstäbe, auch im Bereich der hochgenauen Beschleunigungssensorik, setzt. Zusätzlich setzt die seit April 2016 im Orbit befindliche Mission neue Standards bezüglich des Lageregelungskonzepts des Satelliten (*drag-free*-Control). Die hierbei entwickelten Konzepte und Technologien werden z. B. in zukünftigen Geodäsiesatelliten zum Einsatz kommen.

5.4.1 Auswahl und Fabrikation der Testmassen

Es gibt mehrere Kriterien, aus welchen Materialien man Testmassen fertigen soll. Ein Kriterium ergibt sich aus der Frage, wie denn eine Verletzung des Äquivalenzprinzips mit dem Material zusammen hängen kann. Wir wissen, dass Atome aus Neutronen, Protonen und Elektronen bestehen. Die Elektronen spielen wegen ihrer um einen Faktor 2000 geringeren Masse als die Nukleonen hierbei keine Rolle. Da somit effektiv alle Atome aus Protonen und Neutronen zusammengesetzt sind, kann eine Verletzung des Äquivalenzprinzips nur daher rühren, dass Protonen und Neutronen unterschiedlich auf Gravitation reagieren, dass also für diese beiden Teilchen das Äquivalenzprinzip verletzt ist. Wenn also ein Atom Z Protonen und N Neutronen besitzt, dann sollten bei den zwei zu wählenden Materialien die Atome eine möglichst unterschiedliche relative Differenz der Neutron- und Proton-Zahlen haben, d. h. $\kappa = (N - Z)/(N + Z)$ sollte möglichst unterschiedlich sein. Daneben gibt es aber auch noch handfeste praktische Kriterien, nämlich, dass die Materialien fest und robust sowie gut und mit hoher Präzision bearbeitbar sein sollen. (Bei Experimenten mit Atominterferometrie gibt es die Bedingung, dass die Atome gut mit Laserlicht beeinflussbar sein sollen, dass diese also eine geeigneter Energieniveau-Struktur besitzen müssen.)

Im Falle von MICROSCOPE hat man sich auf Platin mit 78 Protonen und 117 Neutronen sowie auf Titan mit 22 Protonen und 26 Neutronen geeinigt. Damit haben wir $\kappa_{\text{Platin}} = 0,2$ und $\kappa_{\text{Titan}} = 0,08$. Die SU besteht damit aus einem Platin- und einem Titan-Zylinder (genau genommen sind das Legierungen, siehe unten) und die RefU besteht aus zwei Platin-Zylinder. Obwohl es prinzipiell egal ist, welches Material für die RefU genommen wird, ist ein schweres Material (und Platin ist etwa 10 mal so dicht wie Titan) zu bevorzugen, weil dieses weniger stark auf mögliche äußere Störungen reagiert.

Zwei konzentrisch angeordnete Zylinder bilden eine Messeinheit (siehe Abb. 5.4, links), wobei die Position der einzelnen Zylinder elektrostatisch kontrolliert werden kann (siehe unten). Die SU besteht aus zwei zylinderförmigen Testmassen (siehe Abb. 5.2) aus unterschiedlichen Materialien: die innere Testmasse ist ein Platin-Rhodium-Legierung (90 % Pt, 10 % Rh), die äußere eine Titan-Aluminium-Vanadium-Legierung (90 % Ti, 6 % Al, 4 % V). In der RefU bestehen die Zylinder allerdings aus dem gleichen Material (PtRh10) (Berge et al. 2015). Die geometrischen Eigenschaften der Messeinheiten sind identisch, nur die Materialzusammen-setzungen der Zylinder sind unterschiedlich.

Die Messungen der RefU dienen der Bestimmung von mechanischen und elek-tronischen Systemeigenschaften an Bord des Satelliten. Diese Daten werden für die Auswertung der Messung der SU verwendet und ermöglichen es, Störeffekte sowie Systemrauschen zu identifizieren und in den Datensätzen der SU zu erkennen und zu eliminieren. Zusammen ergibt sich also ein Beschleunigungssensor, welcher selbst aus zwei differentiellen Beschleunigungssensoren zusammengesetzt ist: das „Twin-Satellite Accelerometer for Gravitation Experimentation" oder auch kurz T-SAGE (siehe Abb. 5.2).

Die Lage des Satelliten auf dem Orbit wird mit Hilfe des *Attitude and Orbit Con-trol System* AOC so angepasst, dass sich immer eine Messeinheit mit ihrem Mas-senschwerpunkt im sogenannten *drag-free*-Punkt befindet. Dieser spezielle Punkt an Bord des Satelliten ist dadurch definiert, dass seine Bewegung rein gravitativ geführt wird, was die besten Bedingungen für die Messung bietet.

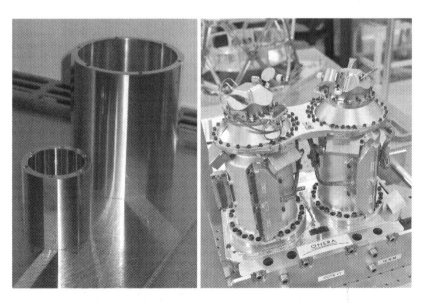

Abb. 5.2 Design der zylinderförmigen Testmassen (links, © ONERA) und des Beschleu-nigungssensors T-SAGE (rechts, © CNES/GIRARD Sébastien, 2014) vor der Integration in den Satelliten

Das Messkonzept besteht nun darin, dass die durch eine Verletzung des Äqui-valenzprinzips verursachte Relativbewegung zwischen den beiden Testmassen im Gravitationsfeld der Erde ausgemessen wird. In Bezug auf ein nichtrotierendes Bezugssystem ändert sich die Ausrichtung des Experiments, d. h. die Ausrich-tung der Testmassen und der sensitiven Achse, nicht. Vom Satelliten aus gesehen erscheint aber die Erde sich um ihn zu drehen. Daher sollte es im Falle einer Ver-letzung des Äquivalenzprinzips eine periodische Relativbeschleunigung zwischen den beiden Testmassen entlang der sensitiven Achse geben (siehe Abb. 5.1). Diese sollte jeweils einen maximalen Wert erreichen, wenn die Hauptachse des Experi-ments und die gravitativen Beschleunigung parallel bzw. antiparallel zueinander liegen. Die Frequenz $f_{science}$ dieser Bewegung ist gleich der Umlauffrequenz des Satelliten f_{orbit} um die Erde, d. h. dem Kehrwert der Umlaufperiode des Satelliten um die Erde: $f_{science} = f_{orbit}$. Dieses Messszenario entspricht dem oben schon erwähnten „inertial mode".

Rotiert nun der Satellit zusätzlich zu seiner Bewegung um die Erde auch noch um seine eigene Achse, wird dieses Szenario als „spinning mode" bezeichnet. Dabei erfolgt die Rotation um die Achse, welche sowohl senkrecht zur Ausrichtung der Hauptachse des Experiments im „inertial mode" ist, als auch senkrecht zur Richtung des Geschwindigkeit des Satelliten liegt. Der Satellit rotiert also in der Bahnebene. Durch diese Eigenrotation wird das vorher beschriebene Messsignal mit der Rotati-onsfrequenz f_{spin} moduliert. Die Bewegung der Testkörper entlang der Hauptachse des jeweiligen Beschleunigungssensors erfolgt somit im „spinning mode" mit einer Periode, welche die Summe der Umlauffrequenz und der Rotationsfrequenz des Satelliten ist: $f_{science} = f_{orbit} + f_{spin}$. Wie oben beschrieben, können dadurch Stö-rungen identifiziert und dann auch eliminiert werden.

5.4.2   Die kapazitiven Sensoren

Nun stellt sich die Frage, wie man denn die Position der Zylinder mit einer Genau-igkeit von 10^{-10} m, d. h. auf eine zehnmilliardstel Meter genau, messen kann. Dazu wird ein kapazitives bzw. elektrostatisches Messsystem verwendet. Dieses Messsystem besteht aus Elektrodenflächen, welche auf den festen Strukturen der Beschleunigungssensoren SU and RefU angebracht sind. Die Testmassen selbst bilden ebenfalls Elektrodenflächen, so dass man als Sensor zylindrische Kondensa-toren hat, siehe Abb. 5.3. Das elektrische Potential der Testmassen wird mit Hilfe eines 7 μm dünnen Golddrahtes stabilisiert (Berge et al. 2015). Durch Anlegen einer geregelten Spannung an die Elektrodenflächen können die Testmassen mit der oben genannten Genauigkeit von 10^{-10} m in ihrer Anfangsposition gehalten werden.

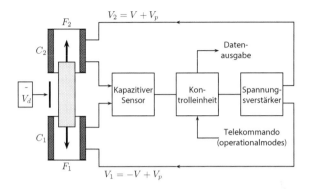

Abb. 5.3 Prinzip des kapazitiven Sensors. Die Testmasse ist gelb markiert, die Elektroden rot

Durch die angeliegenden Spannungen resultieren jeweils Kräfte, z. B.

$$F_{\text{control},x+} = \frac{1}{2}\varepsilon_0 \cdot A \cdot \frac{\Delta V_+^2}{(d_x - \delta)^2} \tag{5.1}$$

$$F_{\text{control},x-} = \frac{1}{2}\varepsilon_0 \cdot A \cdot \frac{\Delta V_-^2}{(d_x + \delta)^2} \tag{5.2}$$

$$\text{mit } \Delta V_+ = V_p - V_{\text{Elektrode}}(\delta) \text{ und } \Delta V_- = V_p + V_{\text{Elektrode}}(\delta), \tag{5.3}$$

welche ein Maß für die jeweils momentan wirkenden Beschleunigungen sind. Hierbei ist V_p eine dauerhaft an den Elektroden anliegende sogenannte Polarisationsspannung, $V_{\text{Elektrode}}(\delta)$ ist die sich ändernde Spannung zur Positionierung der Testmasse entlang einer Raumachse bzw. um eine Raumachse herum und δ beschreibt die Verschiebung entlang der betrachteten Raumachse (in diesem Fall entlang der x-Achse des Sensors). Diese kontrollierte, elektrostatische Stabilisierung in sechs Freiheitsgraden wird für jede einzelne Testmasse durchgeführt. Es können somit die jeweiligen Beschleunigungen gemessen und voneinander abgezogen werden, um ein differentielles Messsignal zu erhalten. Durch die speziell gewählte Anordnung von Elektrodenflächen in den Beschleunigungssensoren selbst (siehe Abb. 5.4) ist dann eine Vermessung der Bewegung und Positionierung der Testmasse in allen drei Raumrichtungen, sowie die Detektion der Rotationsbewegung der Testmasse um alle drei Raumachsen möglich.

Die Funktionsweise des T-SAGE musste im Vorfeld der Mission in großem Umfang getestet werden. Hierzu wurde das T-SAGE sogenannten Stresstests unter-

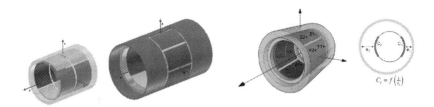

Abb. 5.4 Schematischer Aufbau der SU und der RefU. Links ist die innere zylinderförmige Testmasse (gelb) mit den auf ihr angebrachten Elektroden zu sehen. In der Mitte ist die zweite darüber gestülpte zylinderförmige Testmasse (rot), ebenfalls mit Elektroden ausgestattet, gezeigt. Rechts ist nochmal die Gesamtkonstellation mit einer Seitenaufsicht zu sehen, die verdeutlicht, dass Abstandsänderungen die Kapazität zwischen den Elektroden verändert. Die ausgemessenen Kapazitäten sind ein Maß für die Relativbewegung bzw. Relativkraft zwischen den beiden Testmassen in allen Richtungen. (ONERA/CNES und (Hudson 2007))

zogen (große Hitze, Vibrationen, etc.), sowie im Fallturm Bremen mit Hilfe von Abwurf- und Katapulttests auf seine Funktionalität hin geprüft. Hierzu musste der Beschleunigungssensor, bzw. zunächst das QM (Qualifikationsmodell) und später das FM (Flugmodell), in die dafür zur Verfügung stehenden Kapselstrukturen der ZARM FAB (Fallturm Betriebsgesellschaft am Zentrum für angewandte Raumfahrttechnologie und Mikrogravitation der Universität Bremen) integriert werden. Im 146 m hohen Fallturm Bremen können während eines Abwurfs bzw. während eines Katapultschusses die Bedingungen eines nahezu schwerelosen Zustandes für 4.7 bzw. 9.4 s erzeugt werden. Diesen Zustand der fast idealen Schwerelosigkeit bezeichnet man als Mikrogravitation, μg, da die Experimente immer noch Beschleunigungen im Bereich von 10^{-6} m/s^2 ausgesetzt werden. Während dieser Tests wurde u. a. das Grundrauschen des Sensors unter μg Bedingungen bestimmt, was einen wichtigen Beitrag zur Kalibrierung des Experiments schon vor dem Start darstellte.

5.4.3 Die Lageregelung

Im Erdorbit können allerdings Umwelteinflüsse, wie z. B. Strahlungseffekte, das Erdmagnetfeld, sowie Einschläge kleinster Partikel auf der Satellitenoberfläche, das Messergebnis verfälschen. Daher sollte die Bewegung des Satelliten, einschließlich seiner Ausrichtung auf der Bahnebene, also die Lage des Satelliten, möglichst unbeeinflusst im Vergleich zum Idealfall sein, d. h. zur rein gravitativ bestimmten Bewegung. Das hierfür speziell entwickelte AOC liefert die benötigten Randbedingungen, um sämtliche Störeinflüsse wie Strahlung, Reibung der Atmosphäre, etc. eliminieren zu können. AOC oder auch Lageregelungssystem bezeichnet die Regelung der Position eines Systems, z. B. einer Rotationsachse oder die Trajektorie (Flugbahn) eines Satelliten. Im Fall von MICROSCOPE werden sogenannte μN-Triebwerke (siehe unten) verwendet. Diese sorgen für eine „ungestörte" Flugbahn, was hier eine rein gravitative Trajektorie mit einer stabilisierten Rotationsachse des Satelliten bedeutet. Die Triebwerke feuern abwechselnd; mit Hilfe eines speziell entwickelten Reglers werden die jeweiligen Steuerschübe berechnet. Die Detektion der auf die Testmassen wirkenden Beschleunigungen ist ausschlaggebend für die Stärke dieser Impulse. Das sogenannte *common mode*-Signal (halbe Summe der detektierten Beschleunigungen des Testmassenpaares in der RefU) liefert hier die entsprechende Regelgröße (Abb. 5.5). Da der Regler des AOCs mit einer Frequenz von 1000 Hz arbeitet, können etwaige Störungen innerhalb einer tausendstel Sekunde durch entsprechende Triebwerksaktivitäten ausgeglichen werden. Insgesamt erreicht MICROSCOPE eine fast perfekte Freifall-Qualität mit einer noch störenden Restbeschleunigung von ca. $1,7 \cdot 10^{-15}$ m/s^2. Dies bedeutet, dass mit Hilfe des AOC die Lage des Satelliten so gut geregelt wird, dass die Testmassen nur noch Restbeschleunigungen, bedingt durch Umwelteinflüsse, in der angegebenen Größenordnung detektieren.

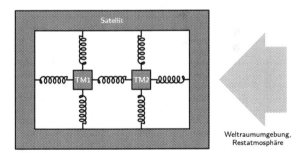

Abb. 5.5 Zur Lageregelung: Die Testmassen TM1 und TM2 fliegen geschützt von äußeren Einflüssen im Innern des Satelliten. Durch Ausmessen der Lage der Testmassen in Bezug auf den Satelliten (hier durch Federn dargestellt) kann man die Stärke der Störkräfte bestimmen. Diese muss durch die μN-Thrusters ausgeglichen werden

5.4.4   Die Kaltgastriebwerke

Damit das AOC der Satellit möglichst genau auf einer rein gravitativ determinierten Bahn gehalten werden kann, ist es notwendig, die Ablenkung und Abbremsung des Satelliten durch die Restatmosphäre, den Sonnendruck oder die Erdalbedo genau zu kompensieren. Dazu benötigt man schon erwähnte μN- Triebwerke, die eine Kraft von der Größenordnung Mikro-Newton (ein Millionstel Newton) bereitstellen können. Dies ist eine extrem kleine Kraft. Man müsste einen Satelliten von einem Gewicht von 100 kg drei Jahre lang mit dieser Kraft beschleunigen, um ihn um 1 m/s schneller zu machen.

Zunächst war geplant FEEPs dafür einzusetzen. FEEPs, *Field Electric Emission Propulsion,* sind Ionentriebwerke, allerdings für ganz kleine kleinen Schübe, was eine neue Technologie für den Weltraumeinsatz darstellt, die später auch für das weltraumgestützte Gravitationswelleninterferometer LISA (Laser Interferometer Space Antenna) eingesetzt werden sollte. Leider gab es große technische Probleme, so dass diese Triebwerke nicht rechtzeitig fertig wurden. Daher entschloss man sich, doch wieder die alten Kaltgastriebwerke zu verwenden, was eine höherer Nutzlast und eine Änderung des Satellitendesigns notwendig machte.

Die acht Kaltgastriebwerke, welche MICROSCOPE nun mitführt, sind sogenannte μN-Triebwerke, die an den acht Ecken des Satelliten angebracht sind und einen Schub in der Größenordnung von 10^{-6} N liefern. Die sechs Tanks mit dem benötigten Treibstoff sind symmetrisch über den Satelliten verteilt, um störende Selbstgravitationseffekte zu vermeiden (Touboul et al. 2012).

5.5   Der Start und die Mission

MICROSCOPE wurde am 25. April 2016, zusammen mit dem Satelliten Sentinel-1b, sowie drei weiteren Nanosatelliten eines ESA Bildungsprojekts („CubeSats – Fly-your-satellite!"), von einer Soyuz-Rakete in den Erdorbit gebracht. Der Start verlief etwas holprig. Der Start war für 22 Uhr am Freitag, den 22. April 2016, geplant. As diesem Anlass haben wir ein kleines Grillfest für unser Institut organisiert und das Onlinestreaming der Startvorbereitungen und des Starts eingerichtet. Nach einer kleinen Ansprache und den ersten Würstchen kam dann um 19 Uhr die Meldung aus Kourou, dass der Start wegen starke Höhenwinde leider nicht stattfinden kann. Nun, wir haben versucht das beste daraus zu machen und haben uns statt dessen das Bundesligaspiel zwischen den beiden vom Abstieg bedrohten Mannschaften Werder Bremen und dem Hamburger SV angeschaut. Leider hat Werder verloren. Das war also aus Bremer Sicht insgesamt kein so lustiger Abend.

Am darauf folgenden Tag wurden die Startvorbereitungen wegen weiterhin starker Höhenwinde auch wieder um 19 Uhr abgebrochen. Am 24. April dagegen wurde die Rakete vollgetankt, der Count-Down lief, bis er um 22 Uhr abgebrochen wurde, weil ein Kompass eine falsche Anzeige lieferte. Dieser Fehler wurde behoben, die Rakete blieb einen Tag lang vollgetankt auf der Startrampe und wurde dann am 25. April um 23 Uhr erfolgreich gestartet. (Wäre dieser Start wieder abgebrochen worden, hätte man den Treibstoff wieder abpumpen und die ganze Rakete vom Typ Soyuz-STA (VS-14) nach Russland verschiffen müssen, damit diese gereinigt und für einen neuen Einsatz präpariert wird. Der Grund ist, dass der Raketentreibstoff so stark ätzend ist, dass die Wände des Tanks in der Rakete diesen nur einen Tag lang aushalten.)

Nach dem Start verließ dann MICROSCOPE als dritte Nutzlast die Trägerrakete, um in einer Flughöhe von 710 km in den vorgesehenen Orbit einzutreten. Nach einer knapp dreimonatigen Kalibrierungsphase begann für MICROSCOPE eine sogenannte „Eklipsphase", welche den Beginn der Messungen bis Ende August 2016 verhinderte. In dieser Phase tritt der Satellit regelmäßig in den Erdschatten ein. Dies hat zur Folge, dass sich an Bord des Satelliten große Temperaturschwankungen ergeben, welche das wissenschaftlich interessante Signal sowohl im relevanten Frequenzbereich als auch in seiner Signalstärke erheblich stören. Diese Phase beeinflusst den Missionsverlauf allerdings nicht negativ. Basierend auf Ergebnissen von Orbitsimulationen (List et al. 2015) konnte der Eintritt in die Eklipsphase genau vorherbestimmt werden und somit die Kalibrierungsphase des Experiments im Orbit entsprechend geplant werden (Hardy et al. 2013).

Die ersten vollständigen, wissenschaftlich nutzbaren Datensätze stehen den Wissenschaftlern zur Datenauswertung seit Oktober 2016 zur Verfügung. Im Verlauf der Mission sind mehrere Messabschnitte im sogenannten (i) *inertial mode* (d. h. der Satellit hat im Erdinertialsystem immer die gleiche Ausrichtung), als auch Messzyklen im sogenannten (ii) *spinning mode* (der Satellit rotiert um eine körpereigene Achse) durchgeführt worden. Diese Messabschnitte unterscheiden sich zum einen (i) durch die unterschiedlichen Messlängen (120 Orbits vs 20 Orbits), zum anderen (ii) ist das erwartete Signal, welches bei einer möglichen Verletzung des schwachen Äquivalenzprinzips auftritt, bei unterschiedlichen Frequenzen zu finden.

5.6   Ergebnis der MICROSCOPE Mission

Die Auswertung von 7 % der Daten der Mission MICROSCOPE zusammen mit der genauen Modellierung ergab Ende 2017 gleich eine Verbesserung des Testes des Äquivalenzprinzips um eine Größenordnung und liegt nun bei $2 \cdot 10^{-14}$. Genauer lautet das MICROSCOPE-Ergebnis

$$\eta \leq (1 \pm 9(\text{stat}) \pm 9(\text{syst})) \cdot 10^{-15}, \tag{5.4}$$

wobei 9(stat) den statistischen Fehler und 9(syst) den systematischen Fehler angibt (Touboul et al. 2017). Hierbei wird der statistische Fehler mit der Anzahl der Messungen kleiner, und zwar mit $1/\sqrt{N}$, wenn N die Anzahl der Messungen ist. Da bisher nur 7 % der Daten ausgewertet wurden, wird mit dem Auswerten aller Daten eine weitere Verbesserung erwartet. Die wirklich harten Fehler sind die systematischen Fehler, die nur mit einem besseren Wissen und besserer Modellierung der Störkräfte reduziert werden können. Aber auch dazu werden die zusätzlichen Daten beitragen, da man besser Korrelationen zwischen den Messergebnissen und Umwelteinflüssen aufspüren und analysieren kann. Im Moment sind wir dabei alle wissenschaftlichen Daten auszuwerten, mit der wir hoffen eine Bestätigung des Äquivalenzprinzips im Bereich von 10^{-15} zu erreichen.

Weitere Ansätze, Ausblick 6

Mit dem bisher besten Test mit MICROSCOPE hören die Anstrengungen, das Äquivalenzprinzip noch besser zu testen, nicht auf. Wir diskutieren kurz einige Vorschläge für verbesserte klassische Tests, aber auch für quantenmechanische Test – alle für den Weltraum.

6.1 Klassische Tests

In Konkurrenz zum MICROSCOPE Experiment wurden über die letzten Jahre auch andere Ansätze entwickelt, welche sich ebenfalls den Test des schwachen Äquivalenzprinzips im Weltraum zum Ziel gemacht haben: als Beispiele sind hier die Projekte STEP (Satellite Test of the Equivalence Principle), GG (Galileo Galilei) und STE-QUEST zu nennen.

STEP ist eine Satellitenmission, die von Francis Everitt von der Stanford University schon vor MICROSCOPE vorgeschlagen wurde und sehr ähnlich zu MICROSCOPE aufgebaut ist. Dabei sollten aber im Vergleich zu MICROSCOPE gleich vier Beschleunigungssensoren zum Einsatz kommen. Das Missionsszenario bleibt im Wesentlichen gleich. Der große technologische Unterschied zu MICROSCOPE besteht darin, dass bei STEP kryogene Technologien genutzt werden (Overduin et al. 2012). Das hat den Vorteil, dass bei tiefen Temperaturen thermische Schwankungen viel kleiner sind und damit eine Anzahl von systematischen Fehlern ausgeschlossen werden kann. Außerdem kann mittels SQUIDs (Superconducting Quantum Interference Devices) der Relativabstand und die Relativbeschleunigung zwischen den Testmassen, die hier ebenfalls zylindrisch angenommen werden, ausgemessen werden (Abb. 6.1). Diese Technologie basiert auf der kryogenen Technologie, die für die Mission Gravity Probe B zum Nachweis des Schiff-Effektes (gravitomagnetische Mitführung von Kreiseln) entwickelt wurde (Everitt et al. 2011). Diese Mission

© Springer Fachmedien Wiesbaden GmbH, ein Teil von Springer Nature 2021
M. List and C. Lämmerzahl, *Das Äquivalenzprinzip*, essentials,
https://doi.org/10.1007/978-3-658-32533-6_6

wurde 2004 gestartet und war, obwohl der gesuchte Effekt nur mit einer Genauigkeit von 20 % nachgewiesen wurde, ein großer technologischer Erfolg.

Die für STEP vorhergesagte Genauigkeit des Tests des Äquivalenzprinzips beträgt 10^{-18}. Zum Zeitpunkt des Vorschlages von STEP war die Genauigkeit der Tests des Äquivalenzprinzips etwas besser als 10^{-12}. Das bedeutet, dass STEP einen Sprung um 6 Größenordnungen in der Qualität dieser Tests macht. Wegen dieses großen Sprunges und wegen der ausgefeilten Technologie, die für STEP entwickelt werden muss, wurde MICROSCOPE als eine technologisch nicht ganz so anspruchsvolle und damit schneller durchführbare Mission vorgeschlagen, die

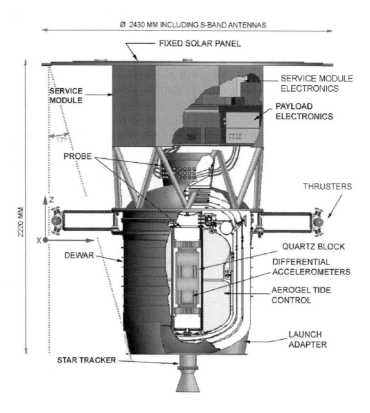

Abb. 6.1 STEP – Schematische Darstellung des Satelliten. Der *dewar* ist ein mit flüssigem Helium gefüllter großer Behälter, in dem sich die wissenschaftliche Nutzlast, die vier orange dargestellten Dfferentialakzelerometer, befindet

einen Zwischenschritt darstellt. Wegen der hohen Genauigkeit wäre es schön, wenn
STEP weiter verfolgt werden könnte.

Darüber hinaus hat eine italienische Kollegin von uns, Anna Nobili von der Universität Pisa, eine Mission Galileo Galilei (GG) vorgeschlagen, bei der im Satelliten
die beiden zylindrischen Testmassen vergleichsweise schnell gegeneinander rotieren (Nobili et al. 2012). Die Idee ist, dass aufgrund der schnellen Rotationsrate
ein äquivalenzprinzipverletzendes Signal ebenfalls auf der Zeitskala der Rotation
erscheint, was das instrumentelle mechanische und elektronische $1/f$-Rauschen
deutlich verringert. Auch verlangt dieser Versuch keine kryogenen Temperaturen,
was viele Schwierigkeiten vermeidet. Allerdings liegt die große Herausforderung
bei diesem Messprinzip in der mechanischen Stabilität der beiden rotierenden Testmassen, besonders, dass diese neben der Rotation keine translatorische Bewegung
zeigen. Die vorhergesagte Genauigkeit ist 10^{-17}.

6.2 Quantenmechanische Tests

Schließlich wird auch an einer Mission, STE-QUEST (Space-Time Explorer and
Quantum Equivalence Principle Space Test) genannt, gearbeitet, mit der man das
Äquivalenzprinzip mittels eines komplett neuen Verfahrens, nämlich Atominterferometrie, testen will, siehe Abschn. 4.5 und (Albers et al. 2020). Diese soll auch mit
einer Atomuhr kombiniert werden, so dass man mit derselben Mission zusätzlich
noch weitere Grundlagen der Allgemeinen Relativitätstheorie wie die Rotverschiebung testen kann. Atominterferometrie hat den Vorteil, dass die Testmassen eindeutig von der Natur vorgegebene Atome sind, die nicht mechanisch herzustellen
und zu bearbeiten sind, was immer mit Fehlern behaftet ist. Auch sind die atomaren
Testmassen viel leichter und vielfältiger manipulierbar. Man kann damit auch die
Kopplung anderer Freiheitsgrade wie des Spins an die Gravitation austesten (siehe
Abschn. 3.4). Wir arbeiten mit Nachdruck daran und wir werden sehen, was die
Zukunft bringt.

Was Sie aus diesem *essential* mitnehmen können

- klares Verständnis des Äquivalenzprinzips
- Schlussfolgerungen aus dem Äquivalenzprinzips
- verschiedene exerimentelle Methoden zum Test des Äquivalenzprinzips
- Ergebnis des momentan besten Test des Äquivalenzprinzips

© Springer Fachmedien Wiesbaden GmbH, ein Teil von Springer Nature 2021
M. List and C. Lämmerzahl, *Das Äquivalenzprinzip,* essentials,
https://doi.org/10.1007/978-3-658-32533-6

Literatur

Abend S., Gebbe M., Gersemann M., Ahlers H., H. Müntinga, Giese E., Gaaloul N., Schubert C., Lämmerzahl C., Ertmer W., Schleich W.P., und Rasel E.M. (2016). Atom-Chip Fountain Gravimeter, *Physical Review Letters* **117**, 203003.

Aguilera D.N., et al. (2014). STE-QUEST - Test of the Universality of Free Fall Using Cold Atom Interferometry, *Classical and Quantum Gravity* **31**, 115010.

Albers H, Herbst A., Richardson L.L., Heine H., Nath D., Hartwig J., Schubert C., Vogt C., Woltmann M., Lämmerzahl C., Herrmann S., Ertmer W., Rasel E.M., Schlippert D. (2020). Quantum test of the Universality of Free Fall using rubidium and potassium, *Eur. Phys. J.* **D 74**, 145.

Bergé J., Touboul P., Rodrigues M., and the MICROSCOPE team (2015). Status of MICROS-COPE, a mission to test the Equivalence Principle in space, *Journal of Physics: Conference Series* **610**, 012009.

Bramanti D., Catastini G., Nobili A.M., Polacco E., Rossi E., Vergara Caffarelli R. (1993). Galileo and the universality of free fall, in *Proceedings of the STEP Symposium*, Pisa, Italy, 6-8 April 1993, ESA WPP-115, p. 319.

Carrier M. (2006). The Challenge of Practice: Einstein, Technological Development and Conceptual Innovation. In J. Ehlers und C. Lämmerzahl (Hrgb). *Special Relativity – Will it Survive the Next 101 Years?*, Lect. Notes Phys. 702 (Springer, Berlin Heidelberg 2006).

Colella R., Overhauser A.W., and Werner S.A. (1975). Observation of Gravitationally Induced Quantum Interference, *Physical Review Letters* **34**, 1472.

Eötvös L., Pekár D., Fekete E. (1922). Beiträge zum Gesetz der Proportionalität von Trägheit and Gravität, *Annalen der Physik* **68**, 11.

Everitt C.W.F. und das GP-B team (2011). Gravity Probe B: Final Results of a Space Experiment to Test General Relativity, *Physical Review Letters* **106**, 221101.

Galilei G. (1954). *Discorsi e dimostrazioni matematiche intorno a due nuove scienze attenenti alla mecanica & i movimenti locali*, in Edizione Nazionale delle Opere di Galilei, Vol. VIII, p. 128, Barbera Ristampa del 1968, Firenze; Dialogues Concerning Two New Sciences (Dover, New York).

Hardy E., Levy A., Rodrigues M., Touboul P., Métris G. (2013). Validation of the in-flight calibration procedures for the MICROSCOPE space mission, *Advances in Space Research* **52**, 1634.

Hoffmann F. und Müller J. (2018). Relativistic tests with lunar laser ranging, *Classical and Quantum Gravity* **35**, 035015.

© Springer Fachmedien Wiesbaden GmbH, ein Teil von Springer Nature 2021   61
M. List and C. Lämmerzahl, *Das Äquivalenzprinzip, essentials,*
https://doi.org/10.1007/978-3-658-32533-6

Hudson D (2007). *Experimental and Theoretical Analysis of the Inertial Sensor Prototyp for the MICROSCOPE In-Orbit Test of the Equivalence Principle*, Dissertation, Université Pierre et Marie Curie.

Kiefer C. (2012). *Quantum Gravity*, dritte Auflage, (Oxford University Press, Oxford).

Lämmerzahl C. (1996). On the equivalence principle in quantum theory, *General Relativity and Gravitation* **28**, 1043.

List M., Bremer S., Rievers B., Selig H. (2015). Modelling of solar radiation pressure effects: Parameter analysis for the MICROSCOPE mission, *International Journal of Aerospace Engineering*, Article ID 928206.

Nobili A.M., Shao M., Pegna R., Zavattini, Turyshev S.G., Lucchesi D.M., De Michele A., Doravari S., Comandi G.L., Saravanan T.R., Palmonari F., Catastini G., Anselmi A. (2012). 'Galileo Galilei' (GG): Space test of the weak equivalence principle to 10^{-17} and laboratory demonstrations, *Classical and Quantum Gravity* **29**, 184011.

Overduin J., Everitt F., Worden P., Mester J. (2012). STEP and fundamental physics, *Classical and Quantum Gravity* **29**, 184012.

Potter H.H. (1927). On the Proportionality of Mass and Weight, *Proceedings of the Royal Society London* **A 113**, 731.

Schlamminger S., Choi K.-Y., Wagner T.A., Gundlach J.H., Adelberger E.G. (2008). Test of the Equivalence Principle Using a Rotating Torsion Balance, *Physical Review Letters* **100**, 041101.

Schlippert D., Hartwig J., Albers H., Richardson L.L., Schubert C., Roura A., Schleich W.P., Ertmer W., and Rasel E.M. (2014). Quantum Test of the Universality of Free Fall. *Physical Review Letters* **112**, 203002.

Touboul P., Métris G., Lebat V., Robert A. (2012). The MICROSCOPE experiment, ready for the in-orbit test of the equivalence principle, *Classical and Quantum Gravity* **29**, 184010.

Touboul P., et al. (2017) MICROSCOPE Mission: First Results of a Space Test of the Equivalence Principle, *Physical Review Letters* **119**, 231101.

Wagner T.A., Schlamminger S., Gundlach J.H., Adelberger E.G. (2012). Torsion-balance tests of the weak equivalence principle, *Classical and Quantum Gravity* **29**, 184002.

Printed in the United States
By Bookmasters